U0319679

阻尼胶喷涂枪头膜片制备技术

赵时璐　著

北　京
冶金工业出版社
2021

内 容 提 要

本书系统介绍了阻尼胶喷涂枪头膜片的制备技术，以及在 W18Cr4V 高速钢和 WC-8%Co 硬质合金表面进行 Ti-Al-Zr-Nb 系复合膜的涂镀处理技术，同时对膜片轮廓尺寸进行分析设计，以提高膜片的力学性能和使用性能。全书共 12 章，阐述了阻尼胶减振技术特点，真空镀膜技术特点，膜片基体制备工艺，复合膜涂镀制备工艺，膜片尺寸设计工艺以及膜片力学性能与使用性能。

本书可供汽车涂装行业及材料表面改性行业的相关工作人员阅读与参考。

图书在版编目（CIP）数据

阻尼胶喷涂枪头膜片制备技术/赵时璐著. —北京：冶金工业出版社，2021.6
ISBN 978-7-5024-8879-6

Ⅰ.①阻… Ⅱ.①赵… Ⅲ.①膜片—材料科学 Ⅳ.①TB3

中国版本图书馆 CIP 数据核字（2021）第 157265 号

出 版 人 苏长永
地 址 北京市东城区嵩祝院北巷 39 号 邮编 100009 电话 （010）64027926
网 址 www.cnmip.com.cn 电子信箱 yjcbs@cnmip.com.cn
责任编辑 杨盈园 美术编辑 彭子赫 版式设计 郑小利
责任校对 王永欣 责任印制 李玉山
ISBN 978-7-5024-8879-6
冶金工业出版社出版发行；各地新华书店经销；三河市双峰印刷装订有限公司印刷
2021 年 6 月第 1 版，2021 年 6 月第 1 次印刷
710mm×1000mm 1/16；15.75 印张；304 千字；239 页
96.00 元
冶金工业出版社 投稿电话 （010）64027932 投稿信箱 tougao@cnmip.com.cn
冶金工业出版社营销中心 电话 （010）64044283 传真 （010）64027893
冶金工业出版社天猫旗舰店 yjgycbs.tmall.com
（本书如有印装质量问题，本社营销中心负责退换）

前　　言

　　车辆行驶过程中产生的振动和噪声是影响驾驶舒适度和安全性的重要因素，同时也是噪声污染的主要来源。因此，车辆隔音降噪技术的升级是车辆发展的一个必然过程。在工业化生产条件下，传统固态的阻尼胶板因其含有沥青等成分易造成环境污染，且在高温或长时间使用后易出现老化导致性能下降，存在诸多不足。目前，国内外研究出一种液态的可喷涂阻尼胶，其液态能使阻尼胶使用性能更稳定、更环保，并明显改善其隔音降噪效果。该液态可喷涂阻尼胶可以使用机器人设备进行自动喷涂，其喷涂枪头膜片优良的力学性能及精确的尺寸设计是实现液态可喷涂阻尼胶应用的关键。

　　本书的完成得益于沈阳大学表面改性技术与材料研究所的研究生刘爽、吴精诚、彭林志、潘春、郭舒畅、孙翠萍的有益研讨和大力支持。本书参考的国内外相关文献资料丰富了本书的内容，在此向文献的作者致以深切的谢意。

　　由于作者水平有限，本书若有不妥之处，敬请读者批评指正。

作　者

2021 年 5 月于沈阳大学

目　　录

1 绪论 ……………………………………………………………………… 1

  1.1 研究背景 ………………………………………………………… 1

  1.2 研究内容及意义 ………………………………………………… 1

  1.3 章节安排 ………………………………………………………… 2

2 阻尼胶减振技术 ………………………………………………………… 3

  2.1 阻尼胶概述 ……………………………………………………… 3

  2.2 固态阻尼胶 ……………………………………………………… 4

    2.2.1 固态阻尼胶分类 ………………………………………… 4

    2.2.2 固态阻尼胶应用 ………………………………………… 4

  2.3 液态阻尼胶 ……………………………………………………… 5

    2.3.1 液态阻尼胶分类 ………………………………………… 5

    2.3.2 液态阻尼胶特点 ………………………………………… 5

    2.3.3 液态阻尼胶应用 ………………………………………… 8

  2.4 喷涂胶枪 ………………………………………………………… 8

    2.4.1 胶枪分类 ………………………………………………… 8

    2.4.2 手动混合胶枪 …………………………………………… 9

    2.4.3 喷涂胶枪 ………………………………………………… 9

  2.5 胶枪膜片 ………………………………………………………… 12

  2.6 本章小结 ………………………………………………………… 13

3 硬质反应镀膜技术 ……………………………………………………… 14

  3.1 硬质反应膜简述 ………………………………………………… 14

  3.2 硬质反应膜发展 ………………………………………………… 17

    3.2.1 单一金属硬质反应膜 …………………………………… 18

    3.2.2 多元硬质反应膜 ………………………………………… 19

    3.2.3 多层梯度硬质复合膜 …………………………………… 22

  3.3 本章小结 ………………………………………………………… 22

4　真空镀膜技术 ··· 24

　4.1　真空镀膜技术概述 ··· 24

　4.2　真空镀膜技术特点 ··· 24

　4.3　真空镀膜技术分类 ··· 25

　　4.3.1　真空蒸发镀技术 ··· 26

　　4.3.2　真空溅射镀技术 ··· 27

　　4.3.3　真空离子镀技术 ··· 28

　　4.3.4　束流沉积技术 ··· 29

　　4.3.5　化学气相沉积技术 ··· 31

　4.4　真空镀膜技术应用 ··· 32

　4.5　多弧离子镀技术概述 ··· 33

　　4.5.1　离子镀技术发展 ··· 33

　　4.5.2　多弧离子镀技术特点 ······································· 34

　　4.5.3　多弧离子镀技术原理 ······································· 35

　4.6　本章小结 ··· 38

5　膜片基体制备工艺 ··· 39

　5.1　膜片基体选取 ··· 39

　5.2　制备工艺 ··· 39

　　5.2.1　膜片外形尺寸 ··· 39

　　5.2.2　膜片基体加工工艺 ··· 40

　5.3　膜片基体分析 ··· 42

　　5.3.1　硬度分析 ··· 42

　　5.3.2　轮廓尺寸分析 ··· 42

　5.4　本章小结 ··· 44

6　膜片表面镀膜工艺 ··· 46

　6.1　实验设备与材料 ··· 46

　　6.1.1　实验设备 ··· 46

　　6.1.2　基材选择与预处理 ··· 47

　　6.1.3　靶材选择 ··· 47

　6.2　镀膜工艺参数 ··· 47

　　6.2.1　基体负偏压 ··· 48

　　6.2.2　气体分压 ··· 48

　　6.2.3　弧电流强度 ·· 48

　　6.2.4　本底真空度 ·· 48

　　6.2.5　试样温度 ·· 49

　　6.2.6　试样转速 ·· 49

　　6.2.7　沉积时间 ·· 49

　6.3　薄膜表征方法 ·· 49

　　6.3.1　薄膜成分分析 ·· 50

　　6.3.2　薄膜相结构分析 ·· 50

　　6.3.3　薄膜硬度测试 ·· 50

　　6.3.4　膜/基结合力测试 ··· 50

　　6.3.5　薄膜耐磨性能 ·· 51

　6.4　本章小结 ·· 51

7　膜片镀(Ti，Al，Zr，Nb)N 单层膜 ·································· 53

　7.1　(Ti，Al，Zr，Nb)N 单层膜制备工艺 ································ 53

　7.2　(Ti，Al，Zr，Nb)N 单层膜形貌 ···································· 54

　　7.2.1　(Ti，Al，Zr，Nb)N 单层膜表面形貌 ························· 54

　　7.2.2　(Ti，Al，Zr，Nb)N 单层膜断口形貌 ························· 58

　7.3　(Ti，Al，Zr，Nb)N 单层膜成分 ···································· 61

　7.4　(Ti，Al，Zr，Nb)N 单层膜相结构 ·································· 62

　7.5　(Ti，Al，Zr，Nb)N 单层膜硬度 ···································· 64

　7.6　(Ti，Al，Zr，Nb)N 单层膜/基结合力 ······························ 65

　7.7　(Ti，Al，Zr，Nb)N 单层膜耐磨性 ·································· 66

　　7.7.1　(Ti，Al，Zr，Nb)N 单层膜摩擦系数 ························· 66

　　7.7.2　(Ti，Al，Zr，Nb)N 单层膜磨损形貌 ························· 67

　7.8　本章小结 ·· 78

8　膜片镀 (Ti，Al，Nb)N/(Ti，Al，Zr，Nb)N 双层膜 ·················· 79

　8.1　(Ti，Al，Nb)N/(Ti，Al，Zr，Nb)N 双层膜制备工艺 ················ 79

　8.2　(Ti，Al，Nb)N/(Ti，Al，Zr，Nb)N 双层膜形貌 ···················· 80

　　8.2.1　(Ti，Al，Nb)N/(Ti，Al，Zr，Nb)N 双层膜表面形貌 ·········· 80

　　8.2.2　(Ti，Al，Nb)N/(Ti，Al，Zr，Nb)N 双层膜断口形貌 ·········· 82

　8.3　(Ti，Al，Nb)N/(Ti，Al，Zr，Nb)N 双层膜表层成分 ················ 85

　8.4　(Ti，Al，Nb)N/(Ti，Al，Zr，Nb)N 双层膜相结构 ·················· 86

　8.5　(Ti，Al，Nb)N/(Ti，Al，Zr，Nb)N 双层膜硬度 ···················· 87

8.6　(Ti, Al, Nb)N/(Ti, Al, Zr, Nb)N 双层膜/基结合力 ················ 87

8.7　(Ti, Al, Nb)N/(Ti, Al, Zr, Nb)N 双层膜耐磨性 ··············· 88

　8.7.1　(Ti, Al, Nb)N/(Ti, Al, Zr, Nb)N 双层膜摩擦系数 ······· 88

　8.7.2　(Ti, Al, Nb)N/(Ti, Al, Zr, Nb)N 双层膜磨损形貌 ······· 89

8.8　本章小结 ··· 100

9　膜片镀 NbN/(Ti, Al, Zr, Nb)N 双层膜 ···················· 101

9.1　NbN/(Ti, Al, Zr, Nb)N 双层膜制备工艺 ·························· 101

9.2　NbN/(Ti, Al, Zr, Nb)N 双层膜形貌 ······························ 102

　9.2.1　NbN/(Ti, Al, Zr, Nb)N 双层膜表面形貌 ·············· 102

　9.2.2　NbN/(Ti, Al, Zr, Nb)N 双层膜断口形貌 ·············· 104

9.3　NbN/(Ti, Al, Zr, Nb)N 双层膜表层成分 ······················ 107

9.4　NbN/(Ti, Al, Zr, Nb)N 双层膜相结构 ·························· 108

9.5　NbN/(Ti, Al, Zr, Nb)N 双层膜硬度 ···························· 109

9.6　NbN/(Ti, Al, Zr, Nb)N 双层膜/基结合力 ······················ 109

9.7　NbN/(Ti, Al, Zr, Nb)N 双层膜耐磨性 ························· 110

　9.7.1　NbN/(Ti, Al, Zr, Nb)N 双层膜摩擦系数 ·············· 110

　9.7.2　NbN/(Ti, Al, Zr, Nb)N 双层膜磨损形貌 ·············· 110

9.8　本章小结 ··· 121

10　膜片镀 TiAlZrNb/(Ti, Al, Zr, Nb)N 梯度膜 ·········· 123

10.1　TiAlZrNb/(Ti, Al, Zr, Nb)N 梯度膜制备工艺 ··············· 123

10.2　TiAlZrNb/(Ti, Al, Zr, Nb)N 梯度膜形貌 ····················· 124

　10.2.1　TiAlZrNb/(Ti, Al, Zr, Nb)N 梯度膜表面形貌 ········· 124

　10.2.2　TiAlZrNb/(Ti, Al, Zr, Nb)N 梯度膜断口形貌 ········· 126

10.3　TiAlZrNb/(Ti, Al, Zr, Nb)N 梯度膜表层成分 ··············· 129

10.4　TiAlZrNb/(Ti, Al, Zr, Nb)N 梯度膜相结构 ················· 130

10.5　TiAlZrNb/(Ti, Al, Zr, Nb)N 梯度膜硬度 ···················· 131

10.6　TiAlZrNb/(Ti, Al, Zr, Nb)N 梯度膜/基结合力 ·············· 132

10.7　TiAlZrNb/(Ti, Al, Zr, Nb)N 梯度膜耐磨性 ················· 132

　10.7.1　TiAlZrNb/(Ti, Al, Zr, Nb)N 梯度膜摩擦系数 ········· 132

　10.7.2　TiAlZrNb/(Ti, Al, Zr, Nb)N 梯度膜磨损形貌 ········· 133

10.8　本章小结 ··· 143

11　膜片尺寸设计及应用分析 ···································· 145

11.1　膜片开口尺寸设计 ·· 145

11.2　实验设备 ……………………………………………… 146
11.3　膜片实际应用效果分析 ……………………………… 147
　　11.3.1　机器人运行参数确定 ……………………………… 147
　　11.3.2　阻尼胶参数确定 …………………………………… 147
　　11.3.3　阻尼胶数据分析 …………………………………… 149
　　11.3.4　液态阻尼胶板应用 ………………………………… 153
11.4　本章小结 ……………………………………………… 156

12　研究综述与结论 ……………………………………… 158
12.1　研究综述 ……………………………………………… 158
12.2　结论 …………………………………………………… 158

附录 ………………………………………………………… 160
附录 A　计算机模拟技术 …………………………………… 160
附录 B　膜片镀膜程序编制 ………………………………… 165
附录 C　膜片镀膜程序代码 ………………………………… 175
参考文献 …………………………………………………… 234

1 绪 论

1.1 研 究 背 景

随着社会发展的进步，各种各样的汽车逐渐走进千家万户，成为交通运输和人类代步的主要工具之一。越来越多的汽车品牌出现在大众视野中，人们对汽车使用性能和舒适程度的要求也越来越高。汽车使用性能主要包括动力性、制动性、操纵稳定性、排放污染及噪声等。

汽车噪声根据来源不同可将其分为两种，即车内噪声和车外噪声。车内噪声主要由车体的机械零件噪声、轮胎与地面之间的摩擦声、汽车冲破空气产生的碰撞及摩擦声、外界环境传入车内的声音、驾驶舱内饰品等部件发生振动产生的内部噪声等组成。车体自身就像一个箱体，而声音自身具有折射和重叠的性质。当声音传入车体内时，如果没有性能良好的隔音降噪材料起到吸收或阻隔噪声的作用，噪声就会进行折射或重叠，从而产生危害更大的共鸣声。这些噪声和振动会对一些机器仪表产生影响，使其变得不稳定或产生偏差而影响精度，严重的时候还会影响整个结构的使用寿命。此外，振动时产生的噪声，还会对人和环境产生危害，使人们的生活环境质量严重下降，并影响人们的心理健康。因此，在汽车生产过程中采取一些措施，降低由机械工作和运行产生的振动和噪声是必不可少的。

近年来，吸收或阻隔噪声的材料不断发展，方法也在不断改进。阻尼材料的形态也从固态发展成液态；同时，液态阻尼材料的使用方法也从人工喷涂转型为机器喷涂。而在机器喷涂工序中，胶枪喷头膜片要求具备精度高、硬度高、耐磨性好等特点。目前，新型工艺是采用硬质反应膜技术以提高膜片的硬度及耐磨损性能。

1.2 研究内容及意义

针对阻尼胶喷涂枪头膜片的制备进行研究，通过对其使用性能及环境进行分析，从而选定制备膜片基体的材料；对板材进行工艺设计并加工，分析膜片基体的硬度及尺寸精度；选取靶材，在膜片基体上进行镀膜，并通过改变镀膜参数和对比力学性能，找出最优的制备工艺，制备出具有高力学性能的膜片；根据实际生产的使用要求，对膜片进行尺寸设计，并制备各尺寸膜片，进行实际应用效果分析，选择使用性能最优的膜片尺寸。

本书介绍的是阻尼胶喷涂枪头膜片制备工艺，制备出可喷涂多尺寸且具备高硬度和高耐磨性的膜片，实现了液态阻尼胶在汽车行业中更广泛的应用。采用机器人枪头膜片进行阻尼胶喷涂相较于传统手工喷涂具有高效率、高精度及节约成本等优点。

1.3 章 节 安 排

通过查阅相关文献，本书在实际应用检验的基础上，对机器人自动喷涂液态隔音阻尼胶的意义进行了介绍，并对喷涂喷枪内的膜片进行了制备工艺研究。研究内容主要包括：选定膜片基体的成分，制定膜片基体的加工工艺，分析膜片基体的力学性能，确定膜片表面的镀膜工艺，并设计膜片开口尺寸以进行实际应用效果分析。

（1）绪论部分。分别对固态与液态阻尼胶的特点、枪头与枪头内膜片的结构、硬质反应膜与真空镀膜技术的应用，以及本书的主要研究内容和实际意义进行介绍。

（2）膜片基体的制备工艺部分。主要对膜片基体的成分进行选择，并根据膜片的力学性能要求制定加工工艺，并将加工后的膜片基体进行硬度及尺寸分析。

（3）膜片表面镀膜工艺部分。通过查阅相关资料，对力学性能优良的镀膜材料进行选取，然后对四种不同复合结构的 Ti-Al-Zr-Nb 系氮化物膜的制备工艺进行制定，最后对镀膜后膜片的成分、结构及力学性能进行研究。

（4）膜片尺寸设计及应用分析部分。主要对膜片的尺寸进行分析设计，并加工出不同尺寸的膜片，在实际应用中分析不同尺寸膜片的实际应用效果。

（5）结论部分。本实验对膜片的制备工艺进行优化，从而制备出力学性能和使用性能均优异的膜片，这将极大推动液态阻尼胶在工业生产中的开发与应用。

2　阻尼胶减振技术

2.1　阻尼胶概述

随着汽车行业的不断发展，汽车使用性能的提升问题及工艺的优化问题陆续出现。汽车车身结构通常是由单层或多层镀锌板或冷轧板焊接而成，汽车在行驶过程中受到不断振动时，就会形成振动辐射噪声，并成为汽车的主要噪声来源；另外，汽车和发动机运行时的机械噪声也是由于车身各部件振动及相互作用而产生的。针对汽车的隔音降噪性能提高问题，国外研发了阻尼材料，以提高汽车的隔音降噪性能。

在20世纪60年代时，汽车普遍采用沥青和石棉制成的防声浆进行隔音降噪，其厚度在2~3mm之间，均匀涂抹在汽车门板、侧围板、顶盖、发动机和车身底板的上表面等位置，通过表面阻尼结构来减少汽车在行驶中的振动和噪声。

随着工业技术的不断发展，防声浆逐渐被阻尼胶板取代。阻尼胶板是一种具有防震、防水、降噪及隔热性能的材料，主要由沥青、滑石粉、胶粉、磁粉等物质组成，其使用效果非常显著。与防声浆相比较，阻尼胶板可以直接制造成生产所需的各种厚度和外形尺寸，其成分分布也更均匀，阻尼性能也更为稳定。阻尼胶板的出现，简化了汽车的隔音降噪工序，降低了人工成本。在汽车生产中，使用阻尼胶板来进行减少振动和噪声是非常普遍的。这种材料是利用其自身的黏弹特性对汽车内部的机械设备以及金属板产生的振动发挥阻尼作用，从而对噪声起到一定的改善效果，以达到隔离噪声、减少振动的效果。

目前，国内普遍使用的仍是固态阻尼材料，将黏弹性阻尼材料制成所需的各种多边形板材。该板材加热后熔融并粘贴在汽车内表面，起到减振和降噪的作用。固态阻尼材料具有受热分解出致癌物、低温时失去弹性发硬发脆、容易老化分解而失去防振和隔热作用以及汽车报废对环境污染等缺点。

自20世纪90年代以来，国外许多国家的汽车生产公司都停止使用含有沥青和再生橡胶材料的阻尼胶板。斯太尔曼以及奔驰等汽车公司相继开发并使用了新型无沥青隔热密封阻尼胶板。液态隔音阻尼材料的出现，弥补了原有固态阻尼材料的缺陷。液态隔音阻尼材料具有更好的阻尼性能和环保无污染、整体运行成本低等优点。

液态喷涂型阻尼胶材料主要有水性丙烯酸型、橡胶型和 PVC 塑溶胶型等，各种型号的阻尼胶在汽车厂均有使用，水性丙烯酸型阻尼效果最好，其次是橡胶型，最后是 PVC 塑溶胶型，因此水性丙烯酸型应用较广泛。而且，液态喷涂阻尼胶板通常采用机器人作业的方式。与传统成型沥青阻尼胶板的工艺相比，液态喷涂阻尼胶板在生产线布置以及物流配送方面有很大的不同，其主要优势是良好的阻尼性能和质量保证。在相同的使用温度内，喷涂型阻尼胶不仅阻尼效果明显优于贴片阻尼胶，而且喷涂型阻尼胶适用温度范围更广，阻尼性提高 25% ~ 30%，明显优于沥青型胶板。

2.2　固态阻尼胶

2.2.1　固态阻尼胶分类

汽车阻尼胶板可以分为三大类，分别为自粘型阻尼胶板、磁性型阻尼胶板和热熔型阻尼胶板：

（1）自粘型阻尼胶板。通过其自身表面的压敏胶黏附在应用部位上，不需要加热处理，主要应用于顶棚、车门、轮廓等车体内需要隔音降噪的垂直位置或车身底板处。其具有施工简便、不污染环境、厚度均匀、粘接强度高且适用于流水线上作业等优点。使用压敏胶粘接时，应注意要粘贴的车身表面应无水、油污、蜡等杂质，才能获得牢固的粘贴，必要时应将自粘型阻尼板在生产线上进行充分的温度适应性处理，以激活材料黏性。

（2）磁性型阻尼胶板。磁性型阻尼胶板自身带有磁性，依靠磁性吸附在应用部位上，随油漆的烘干而塑化，冷却后即可固化在应用部位上。使用磁性型阻尼板的过程中，要求必须使用烘烤设备将其塑化，然后固化后达到阻尼效果。磁性型阻尼胶板主要应用于汽车顶棚、后门、后侧围等车体内部垂直部位，具有工序简单、无污染、易保证厚度、粘接性强等优点。

（3）热熔型阻尼板。热熔型阻尼板具有遇高温熔化的特点，将其平铺至汽车内需要进行隔音降噪的平面位置。随着车身进入油漆烘干炉，热熔型阻尼板遇高温熔化，随后冷却并牢固附着在车身内各种形状的钢板上，其具有工艺简单、厚度均匀、环保性好、粘接性高等优点。

2.2.2　固态阻尼胶应用

大多数汽车生产使用的均是沥青基的阻尼胶板，并且以热熔型阻尼胶板应用最为普遍。原因主要是因为沥青、橡胶等材质较为廉价，因此大多数生产厂家均会选择此类阻尼胶板进行生产。但是，由于沥青是炼制石油后所剩余的残渣，其中含有大量高沸点的杂质（例如硫、氮等）和其他化合物，这些杂质在受到高温或长期的使用时，可能出现老化并分解出有毒物质，并且材料的隔音降噪性能也会大幅下降，还将污染环境。

2.3 液态阻尼胶

2.3.1 液态阻尼胶分类

新型液态阻尼胶板主要分为丙烯酸酯和醋酸乙烯酯两大类：

（1）丙烯酸酯类。丙烯酸酯类阻尼胶板属于热熔型材料，和传统的工艺方法相同，在车身需要隔音降噪的部分铺上胶板后，通过加热和干燥等使其固化在车身上。

（2）醋酸乙烯酯类。醋酸乙烯酯类是喷涂型胶体，在国外应用较多，但近年来也逐渐走向国内市场。喷涂型隔音胶是在底漆喷涂，在喷涂完防水防腐的焊缝胶后，再在需要隔音降噪的部位喷涂液态胶，通过烘干炉的烘干固化，附着于车身上。这种液态胶与传统工艺的先成型阻尼胶板相对比，具有更好的密封性、隔音降噪性、黏结性、弹性以及耐寒性且更环保等优点。液态阻尼胶材料与固态阻尼胶材料的对比如图 2.1 所示。

2.3.2 液态阻尼胶特点

2.3.2.1 良好的阻尼性能和质量保证

在相同的使用温度下，喷涂型阻尼胶不仅阻尼效果明显优于贴片阻尼胶，而且适用温度范围更广，阻尼性能可以提高 25%~30%，明显优于沥青型胶板，其阻尼特性曲线如图 2.2 所示。机器人喷涂自动控制具有高重复性及喷涂形状可优化性，避免了因工作人员操作失误而带来的漏粘、错粘以及粘贴不牢导致阻尼性能下降的问题。

2.3.2.2 柔性强的施工性能

传统的阻尼胶板均需要依据车型的不同而进行二次开发，阻尼胶板制造商需要设计不同的模具，操作者在现场操作时需要依据不同的车型粘贴不同型号和数量的阻尼胶板，极易造成漏粘、错粘的情况，施工性能对比见表 2.1。

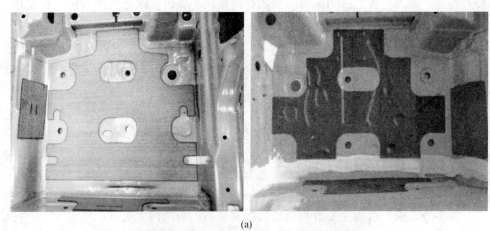

(a)

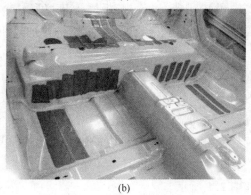

(b)

图 2.1 液态与固态阻尼胶材料对比

（a）固态阻尼胶材料；（b）液态阻尼胶材料

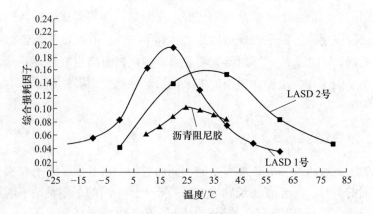

图 2.2 阻尼特性曲线

表 2.1 施工性能对比

序号	项　　目	喷涂型阻尼胶	沥青阻尼胶
1	车型二次开发	机器人程序设定，不需要二次开发	需要二次开发，设计新的模具
2	操作失误性	机器人自动设定，可防错	员工控制，易错粘、漏粘
3	产品优化	可立即实施，可增加、减少或优化结构	增加和优化结构需要开发周期
4	喷涂厚度	可大于 5mm	通常小于 5mm
5	流挂性	垂直面和顶盖内表面少无流挂	垂直面和顶盖内表面已发生滑落
6	复杂位置操作性	机器人操作，复杂表面的操作性优异	顶棚等位置粘贴时员工操作困难，存在勉强作业
7	劳动强度	机器人操作，无疲劳问题	手动反复性操作，容易产生疲劳感

2.3.2.3　良好的环境友好性

水性阻尼涂料作为一种环保功能材料，在生产和使用过程中，对环境无污染。水性阻尼涂料是以水作为分散介质的，它含有挥发性有机化合物（VOC）非常少，同时能够改善整车使用过程中的室内气味。沥青阻尼胶板为了保证两层之间不粘贴，需要在两层间放置隔离纸以及涂抹滑石粉等隔离剂，这些隔离剂在使用过程中会让操作环境出现灰尘，产生的尘埃飘落到车身上会导致车身涂装外观性较差。而水性阻尼涂料则无此问题，对改善员工作业环境和提高涂膜质量有明显的效果。

2.3.2.4　整体运行成本降低

喷涂型阻尼胶材料成本虽然高于沥青阻尼胶板，但是由于材料密度小、用量少，减少了库存数量、物流成本以及员工人数等，使综合应用成本降低，同时提高了生产节拍。喷涂型阻尼胶和沥青阻尼胶板存储物流对比见表 2.2，根据表 2.2 进行成本分析，按照年产 20 万~30 万产能的生产线来计算，使用喷涂型阻尼胶后能够节约成本约 10 万~20 万元。

表 2.2　喷涂型阻尼胶和沥青阻尼胶板存储物流对比

序号	项　　目	喷涂型阻尼胶	沥青阻尼胶
1	从厂家到汽车厂	涂胶桶，物流小	阻尼胶片，物流大
2	叉车卸载	有	有

序号	项　　目	喷涂型阻尼胶	沥青阻尼胶
3	仓库存储	统一物料，库存小	按车型存放，库存大
4	生产线配货	无需配货	需专人拆装配货
5	生产线上存放	无需存放	按车型存放，存放量大
6	现场施工	机器人操作	员工操作
7	后处理	包装桶直接回收到厂家	隔离纸等废弃物需处理

2.3.3　液态阻尼胶应用

在工艺方面，液态隔音阻尼胶不需要传统工艺的预先成型工序，且采用机器人或手工喷涂代替了人工铺阻尼胶板，节约了部分生产成本。虽然新的工艺要在生产线上增添喷涂机器人的位置，且会影响生产的节奏。但是综合来说，喷涂液态隔音阻尼胶替代阻尼胶板是利大于弊，这种液态阻尼胶是非常有进步意义的新型汽车隔音降噪材料。如今，国内的汽车领先品牌公司逐步开始引进液态隔音胶应用于生产，采用机器人进行喷涂，进一步推动汽车企业实现高质量、高效率的自动化生产。

2.4　喷涂胶枪

2.4.1　胶枪分类

胶枪是一种打胶或挤胶的工具，需要施胶的部位就有可能会用到，广泛用于建筑装饰、电子电器、汽车和汽车部件、船舶及集装箱等行业。

胶枪从作用力分类，分为手动胶枪、气动胶枪、电动胶枪等：

（1）手动胶枪。操作者用手按动实现打胶，打胶效率偏低，为非经常使用的专业人士或家庭使用而设计。

（2）气动胶枪。需要接压缩空气气源，利用空气推动胶的底部实现打胶，一般工厂生产流水线上配备有压缩空气气源，通过气管与工厂的空压站或空压机接通。单只气动胶枪用气量不大，若无压缩空气气源可配备小型空压机，即可工作。常见的气动胶枪配有消音器，噪声低于 70dB，适用于室内要求安静的工作场合，亦可调节气压，更好地控制出胶量。

（3）电动胶枪。用可充电电池作为供电源，配备充电器及可充电电池，市面上优质的电动胶枪使用的电池 1h 即可满电，充满电后可打 30~45 支胶，可轻松完成大量打胶工作。

从胶的包装形式分类，分为单组分、双组分等：

（1）单组分。即只打一支胶的胶枪，可用于筒装、腊肠装和散装的包装形式。

1）筒装，又称为硬包装，指胶的包装是硬塑料管或像弹药筒型，规格有310/400mL，310mL 最为常见。

2）腊肠装，又称为软包装，指胶的包装是软塑料袋或像腊肠型，规格有310/400/600mL，600mL 最为常见。

（2）双组分：用于同时打两支胶的胶枪。双组分胶的应用随着材料技术的发展日趋广泛，从小容量到大容量，应用于多比例的胶筒，如 300mL+150mL（2∶1）双联胶筒、2 个分离的 200mL 胶筒、轴向筒（俗称大筒套小筒）等，满足各行业需求的同时又全面兼容所有的胶筒结构。

2.4.2　手动混合胶枪

在日常的涂胶工作中，手动混合胶枪使用非常广泛，其操作简单、维护方便。

（1）手动混合胶枪相较于二液混合设备而言，购买成本较低，同时能达到合理配比、自动混合、定量推出等目的。胶枪特别适用于一些小型加工厂，为点胶量产品需求不是很大，购买设备成本又不合算的客户而设计。

（2）特殊材质，不易断裂，使用时只需装入带胶水的 AB 胶筒，再接上混合嘴即可，操作非常简单，且体型较小，轻巧耐用，符合人工点胶的特点。

（3）胶枪适用于 4 种比例的胶水，如果需要更换胶水比例，胶枪同样能够满足要求，只需更换推动器即可，不会浪费资源，可以循环利用。

（4）AB 胶枪总容量为 50mL，便携式 AB 胶枪适用于各种 AB 胶的少量自动搅拌、点滴，能彻底解决双组分胶黏产品混合不均匀的难题，应用于所有二液混合材料，例如环氧树脂、硅胶、AB 胶等。

（5）系统操作灵活，简单易用，能够节省材料同时提高生产效率。50mL 手动 AB 胶枪，设计轻巧，适用混合比例 1∶1、2∶1、4∶1、10∶1，配合双组分50mL 储料胶筒使用，可以随意控制出胶量，节省材料。

（6）AB 胶枪是市场上设计最严谨、手感最人性化、打胶最顺畅且最省力的胶枪。AB 胶枪以其精致优雅、经久耐用而闻名于世。完整 AB 胶枪包括枪体、AB 储料连体筒（AB 胶筒）等。

2.4.3　喷涂胶枪

目前，国内对液态隔音阻尼胶的喷涂使用方法鲜有报道。借鉴其他涂胶喷涂的方法，可以发现涂胶枪是在压力作用下将胶黏剂喷涂或注射到需要被胶覆盖物体表面的一种设备。传统的涂胶枪是通过高压气来实现阀针与入胶口的开启和关闭，从而实现涂胶枪的出胶和止胶过程。通过调节与后盖螺纹连接的调节杆高度位置，实现对阀针和入胶口开口大小的控制，从而对出胶量进行控制。各种涂胶枪的区别主要体现在涂胶枪嘴上，涂胶枪主要由枪头旋转机构、枪体与机器人连接机构及打胶驱动气缸机构组成，分别如图 2.3~图 2.5 所示，胶枪主体结构如图 2.6 所示。

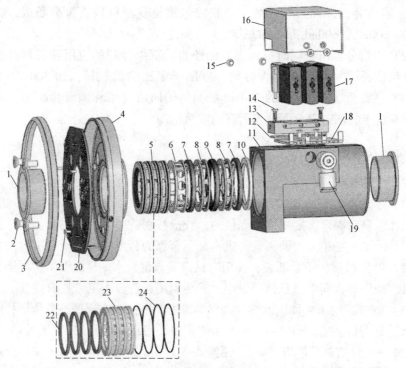

图 2.3 枪头旋转机构

1—法兰轴承；2—螺丝 M5×16；3，7—密封圈；4—轴承室；5—空气分隔总成；6—泄漏环；
8—材料分隔环；9—分隔密封；10—支撑盘；11—旋转室；12—填料；13—电磁阀组；
14—螺丝 M3×16；15—螺丝 M3×6；16—保护罩；17—电子阀条；18—盖子；19—快插接头；
20—电刷盘；21—螺丝 M2×5；22—空气密封环；23—空气分隔件；24—O 形圈

在汽车生产中，广泛使用的涂胶枪主要有气动涂胶枪、手动涂胶枪、热熔胶涂胶枪和自动涂胶枪。如今在汽车生产中，液态隔音降噪阻尼胶的喷涂使用自动喷涂涂胶枪。自动喷涂涂胶枪连接在机器人的手臂上，通过管道连接，输送液态阻尼胶至枪头，由机器人控制压力、喷涂距离、喷涂速度等参数进行喷涂。在生产中，需要隔音降噪的区域一般为不规则的形状，且不同车型和不同位置有不同的要求。固态阻尼胶板可以根据需求制成各种各样的形状和厚度，而液态阻尼胶在喷涂的形状上较为单调，通过处理可以使用喷涂多条不同宽度的矩形来实现替代较为复杂的形状，且满足生产需求，阻尼胶形状如图 2.7 所示。

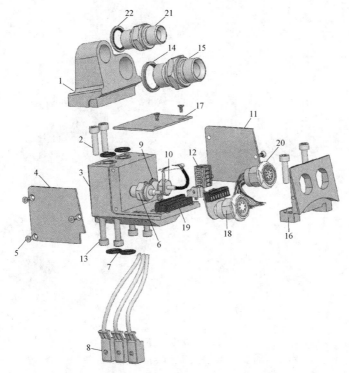

图 2.4 枪体与机器人连接机构

1—连接块（上部分）；2—螺丝 M5×20；3—连接块（下部分）；4—左侧盖板；5—螺丝 M3×6；

6—压力变送器；7—O 形圈 10×2.2；8—电磁阀连接线；9—垫圈；10—温度传感器；

11—右侧盖板；12—连接头；13—螺丝 M5×50；14—垫圈 1/2；15—接头 1/2；16—连接法兰；

17—上侧盖板；18—连接头 8 针；19—连接头 11 针；20—连接头 14 针；21—接头 3/8；22—垫圈 3/8

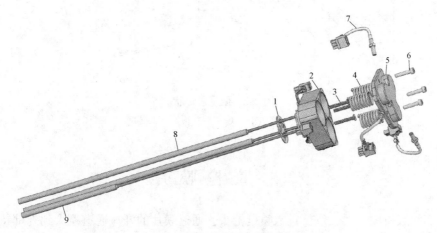

图 2.5 打胶驱动气缸机构

1—气缸填料密封；2—气缸室；3—螺丝 M4×25；4—弹簧；5—气缸盖；

6—螺丝 M4×20；7—加热单元；8—温度传感器；9—压缩空气管

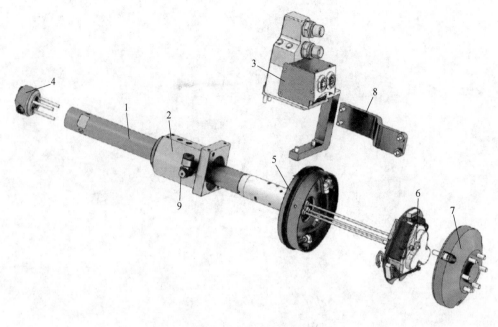

图 2.6   胶枪主体结构

1—中心体；2—旋转室；3—连接体；4—枪嘴连接头；5—电刷盘总成；
6—气缸总成；7—连接法兰；8—旋转锁紧支架；9—压缩空气连接头

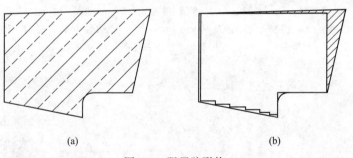

| (a) | (b) |

图 2.7   阻尼胶形状

（a）固态阻尼板；（b）喷涂后液态阻尼胶

2.5 胶 枪 膜 片

当涂胶枪喷涂时，胶体进入喷枪枪头，通过膜片的开口通道喷涂到外部待喷涂区域。除了涂胶枪枪头需要使用膜片外，其他很多类型的喷枪都采用膜片来实现控制喷涂尺寸或喷涂流量，例如高压水枪等。汽车生产中有诸多的涂胶需要喷涂，如对焊缝进行防水防腐的 PVC 密封涂胶、车身内的隔音降噪涂胶等。膜片的开口尺寸发生改变，喷涂出胶条的尺寸也会随之改变，即膜片的使用性能发生波动。因此，膜片的力学性能和使用性能均对喷涂效果有非常大的影响。高硬度、高耐磨且尺寸精准的膜片，可以在保证其力学性能的前提下，通过改变压力参数的数值，喷涂出实际所需尺寸的阻尼胶条。该膜片不但能够提高枪头的工作效率，也使喷涂工艺过程变得更简便、更高效，与此同时也减少了膜片的种类及数量，节约了成本。

在汽车生产过程中，使用喷涂胶枪膜片能够实现液态阻尼喷涂工艺，从而实现隔音降噪功能。在小车型的生产中，对液态阻尼胶条的宽度尺寸要求为 40mm；而在大型车的生产中，则需要宽度尺寸为 55mm 和 62mm 的液态阻尼胶条。在实际生产线上，大型车和小型车是混合出现的，因此研究制备的膜片既要符合高硬度和高耐磨性，又要达到生产所需的尺寸要求。

2.6　本　章　小　结

本章详细介绍了阻尼胶的分类与特点，以及阻尼胶减振技术的特点及其工作原理。阻尼胶分为固态阻尼胶和液态阻尼胶，汽车阻尼胶板为固态阻尼胶，其分为自粘型阻尼胶板、磁性型阻尼胶板和热熔型阻尼胶板三大类；新型液态阻尼胶板主要分为丙烯酸酯和醋酸乙烯酯两大类。目前，汽车领域逐步开始引进液态隔音胶用于生产。当涂胶枪喷涂时，胶体进入喷枪枪头，通过膜片的开口通道喷涂到外部待喷涂区域。涂胶枪枪头需要使用力学性能优良的膜片，其不仅能提高枪头的工作效率，也可以使喷涂工艺过程更简便高效，同时也减少了膜片的种类及数量，节约了成本。

3 硬质反应镀膜技术

3.1 硬质反应膜简述

硬质反应膜是覆盖在模具或者机械零件表面上，以提高其硬度和耐磨性等力学性能的薄膜。目前，大多数硬质反应膜被用来提高基体的耐磨性能、耐热性能和防腐性能。硬质反应膜的制备方法主要有化学气相沉积、磁控溅射、弧光放电离子镀以及离子束辅助沉积等。随着工业技术的不断发展，硬质反应膜的类别也变得越来越多样化，从起初的单一金属硬质薄膜到多元合金硬质薄膜；从单一层数硬质薄膜到多层数硬质薄膜。近年来，随着国内工业技术的发展，成分为氮、碳或硼化合物的硬质膜得到广泛应用。其中氮化物具有高熔点、高硬度、良好的热稳定性以及抗腐蚀性等优点，从而被广泛应用于各类材质表面，以提高基体的力学性能。

目前，日益进步的工业技术对材料的综合性能提出了越来越高的要求，而硬质膜是提高材料性能的一种经济且实用的途径。硬质膜具有极高的硬度、优异的抗摩擦磨损性能、低的线膨胀系数、高的热导率以及与基体良好的相容性。此外，硬质膜往往还具有高的透光率、空穴的可移动性及优异的化学稳定性。硬质膜不但在常温下具有良好的综合性能，而且在高温环境下也具有较高的强度、优异的耐腐蚀、抗冲刷和抗磨损的能力。硬质膜作为耐磨及防护薄膜使用，可以有效地降低各零部件的机械磨损及高温氧化倾向，从而延长零件的使用寿命。这些良好的综合性能使得硬质膜在工业材料尤其在硬质材料中有着重要的应用前景。

硬质膜根据主要用途，可分为耐磨薄膜、耐热薄膜和防腐薄膜。显然，上述三种薄膜的功能并不能截然分开。在使用中，同一薄膜往往要发挥多方面的防护作用：（1）耐磨薄膜的使用目的是为了减少零件的机械磨损，因而薄膜一般是由硬度极高的材料制成，其典型的例子是各种切削刀具、模具、工具和摩擦零部件。（2）耐热薄膜被广泛应用于燃气涡轮发动机等需要在较高温度下使用的机械零部件的耐热保护方面，其作用之一是降低零部件的表面热腐蚀倾向，二是降低或部分隔绝零部件所承受的热负荷，从而延长零部件的高温使用寿命。（3）防腐薄膜被应用于保护零部件不受化学腐蚀性气氛或液体的侵蚀，其应用的领域包括石油化工、煤炭气化以及核反应堆的机械零部件等。

硬质膜根据构成的物质，可分为高硬（金属）合金、高硬化合物（离子化合物和共价化合物）和高硬聚合物（硬质合金）等，其中发展最快、种类最多的是高硬化合物类。它是由钛（Ti）、锆（Zr）、铪（Hf）、钒（V）、铌（Nb）、铬（Cr）、钼（Mo）、钨（W）等第Ⅳ～Ⅵ过渡族元素与硼（B）、碳（C）、氮（N）、氧（O）等第Ⅲ～Ⅵ族元素化合，或与第Ⅲ～Ⅵ族元素化合形成的高硬化合物。例如，单一的金属氮化物（TiN、CrN、AlN、ZrN、VN、TaN、NbN、HfN、BN、Si_3N_4）、单一的金属碳化物（WC、TaC、CrC、ZrC、HfC、TiC、VC、BC、SiC）、单一的金属硼化物（TiB_2、ZrB_2、TaB_2）、单一的金属氧化物（TiO_2、ZrO_2、Cr_2O_3、Al_2O_3）、单一的金属碳氮化物（TiCN）、类金刚石薄膜、多元合金反应膜及多层或梯度复合膜（TiAlN、C-BN）等。

硬质膜根据化学键合的特性，可分成离子键、共价键和金属键。

（1）离子键硬质膜材料具有良好的化学稳定性，如 Al、Zr、Ti、Be 的氧化物属于这类薄膜，其中 Al_2O_3 膜是最为常见的材料。

（2）共价键硬质膜材料具有最高的硬度，如 Al、Si 的氮化物、碳化物、硼化物及金刚石、类金刚石等薄膜都属于此类。

（3）金属键硬质膜材料具有较好的综合性能，属于这类材料的大多是过渡族金属的碳化物、氮化物和硼化物。其中，对 TiN 和 TiC 及其复合薄膜的研究最多，它们的应用也最为广泛，其性能见表 3.1。

多元硬质膜的组元选择一般要考虑其单一反应膜的性能，它们将直接影响到多元薄膜的性能。按其键合方式对这些硬质材料进行定性比较，结果见表 3.2。其中对于金属键类的硬质材料来说，又可分为氮化物、碳化物和硼化物，其性能比较见表 3.3。由上述结果可知，每一类薄膜都具有各自的优缺点，因此硬质膜的优化可以通过多元及多层或梯度的复合方式来实现。

表 3.1 各种硬质膜的性能

硬质膜		密度 /g·cm^{-3}	熔点 /℃	显微硬度 HV	弹性模量 /kN·mm^{-2}	电阻率 /μΩ·cm	线膨胀系数 /10^{-6}K^{-1}	键合方式
氮化物膜	TiN	5.40	2950	2000	590	25	9.4	M
	ZrN	7.32	2982	2000	510	21	7.2	M
	VN	6.11	2177	1560	460	5	9.2	M
	NbN	8.43	2204	1400	480	58	10.1	M
	CrN	6.12	1050	1800	400	640	23	M
	c-BN	3.48	2730	5000	660	10^{18}	—	C
	Si_3N_4	3.19	1900	1720	210	10^{18}	2.5	C
	AlN	3.26	2250	1230	350	10^{15}	5.7	C

硬质膜		密度 /g·cm⁻³	熔点 /℃	显微硬度 HV	弹性模量 /kN·mm⁻²	电阻率 /μΩ·cm	线膨胀系数 /10⁻⁶K⁻¹	键合方式
碳化物膜	TiC	4.93	3067	2800	470	52	8.0~8.6	M
	ZrC	6.63	3445	2560	400	42	7.0~7.4	M
	VC	5.41	2648	2900	430	59	7.3	M
	NbC	7.78	3613	1800	580	19	7.2	M
	TaC	14.48	3985	1550	560	15	7.1	M
	Cr₃C₂	6.68	1810	2150	400	75	11.7	M
	Mo₂C	9.18	2517	1660	540	57	7.8~9.3	M
	WC	15.72	2776	2350	720	17	3.8~3.9	M
	B₄C	2.52	2450	4000	441	5×10^5	4.5~5.6	C
	SiC	3.22	2760	2600	480	10^5	5.3	C
硼化物膜	TiB	4.50	3225	3000	560	7	7.8	M
	ZrB₂	6.11	3245	2300	540	6	5.9	M
	VB₂	5.05	2747	2150	510	13	7.6	M
	NbB₂	6.98	3036	2600	630	12	8.0	M
	TaB₂	12.58	3037	2100	680	14	8.2	M
	CrB₂	5.58	2188	2250	540	18	10.5	M
	Mo₂B₃	7.45	2140	2350	670	18	8.6	M
	W₂B₅	13.03	2365	2700	770	19	7.8	M
	LaB₆	4.73	2770	2530	400	15	6.4	M
	B	2.34	2100	2700	490	10^{12}	8.3	C
	AlB₁₂	2.58	2150	2600	430	2×10^{12}	—	C
	SiB₆	2.43	1900	2300	330	10^7	5.4	C
氧化物膜	Al₂O₃	3.98	2047	2100	400	10^{20}	8.4	C
	TiO₂	4.25	1867	1100	205	—	9.0	C
	ZrO₂	5.76	2677	1200	190	10^{16}	7.6~11	C
	HfO₂	10.2	2900	780	—	—	6.5	C
	ThO₂	10.0	3300	950	240	10^{16}	9.3	C
	BeO₂	3.03	2550	1500	390	10^{23}	9.0	C
	MgO	3.77	2827	750	320	10^{12}	13.0	C

注：M—金属键，C—共价键。

表 3.2 硬质材料的特性

下降特性	显微硬度	脆性	熔点	稳定性	线膨胀系数	结合强度
	C	I	M	I	I	M
↓	M	C	C	M	M	I
	I	M	I	C	C	C

注：M—金属键，C—共价键，I—离子键。

表 3.3 金属键类硬质材料的特性

下降特性	显微硬度	脆性	熔点	稳定性	线膨胀系数	结合强度
	B	N	C	N	N	B
↓	C	C	B	C	C	C
	N	B	N	B	B	N

注：N—氮化物膜，C—碳化物膜，B—硼化物膜。

3.2 硬质反应膜发展

近年来，由于氮化物硬质反应膜具有优异的力学性能，使其被广泛研究并应用。在不断的研究发展过程中，氮化物硬质膜逐渐从单一金属氮化物到多元合金氮化物，再到多元多层或多元梯度氮化物，不断地更新和发展。

过渡族金属的氮化物由于具有熔点高、硬度高、热稳定性好、抗腐蚀性和抗氧化性好等特点，被广泛用作材料表面的强化材料，以提高其基体的表面性能。在硬质膜的发展历史中，TiN 膜的问世对该领域研究起到了重要的推动作用。TiN 膜不但性能良好，而且应用范围广，是最先被产业化的金属硬质膜。继 TiN 膜问世之后，越来越多的人开始研究氮化物硬质膜，陆续出现了与 TiN 性能相近的 CrN 膜，以及硬度和耐磨性极好、抗氧化性较差的ZrN 膜等。随着工业的不断发展，普通的单一金属硬质膜已经不能完全满足新的生产需求。例如，TiN 膜在高速高温的工作环境中，会发生软化变形，从而导致薄膜开裂或脱落。因此，科研工作者纷纷开始着手研究新型的氮化物复合膜。多元氮化物硬质膜的综合性能要高于单一金属氮化物硬质膜的综合性能，从而满足新工业时代对薄膜综合性能不断提高的要求。多元氮化物薄膜是以 TiN 膜为基础展开研究，主要从改善薄膜氧化温度、硬度等综合性能方面入手，研究制备了(Ti, Al)N 膜、(Ti, Zr)N 膜、(Ti, Al, Zr)N 膜、(Ti, Al, Cr)N 膜等，或在此基础上加入 Si、Mo、W、Nb 等元素，制备出更加多元化的氮化物硬质膜。虽然多元薄膜在综合性能上更加完善，但其在制备过程中，传统的制备方法无法实现薄膜与基体的牢固结合。于是，就衍生出了多元多层或多元梯度的氮化物薄膜结构，既可以融合不同单层膜的优点，又能达到理想多元薄膜的性能。

根据氮化物膜的发展历程可将其分为三代。第一代为单一的金属氮化物膜，如人们熟知的 TiN 膜、CrN 膜和 ZrN 膜。由于过渡族金属的氮化物可在同类之间相互固溶，利用这种特性可以制备复合型的氮化物膜，即以 TiN 为基体，加入其他元素进一步形成合金，即第二代多元氮化物膜，如 (Ti, Al)N 膜、(Ti, Cr)N 膜、(Ti, Nb)N 膜、(Ti, Zr)N 膜、(Ti, Al, Zr)N 膜和(Ti, Al, Nb)N 膜。它们通过改善合金元素的构成，成功地提高了薄膜的热硬性和耐高温性能。而进一步地改进发展旨在提高结合力、线膨胀性能的匹配等方面，这些改善的结果取决于硬质膜构成的多层或梯度复合化，即第三代氮化物膜。它们将不同性能的材料组合到同一体系中，得到单一材料无法具备的新性能，因此成为目前薄膜研究领域中极具应用潜力的方向之一，以上这些形成了完整的高性能硬质反应薄膜体系。

3.2.1　单一金属硬质反应膜

3.2.1.1　TiN 膜

20 世纪 80 年代，TiN 硬质膜取得了巨大的成功。TiN 是第一个产业化，并在工业诸多领域得到广泛应用的薄膜。TiN 膜的硬度为 2000HV 左右；薄膜韧性好，能承受一定程度的弹性变形；它的线膨胀系数与高速钢相近，与高速钢的结合强度高；薄膜开始氧化温度为 600℃，其抗腐蚀性和抗氧化性强，化学性能稳定性好；薄膜的摩擦因数小，具有抗磨损作用。

3.2.1.2　CrN 膜

CrN 硬质膜是最有希望替代 TiN 膜的材料之一。早期研究已证明，与 TiN 膜相比，CrN 膜可达到极高的沉积速率，且其工艺较易控制；CrN 膜硬度较低，为 1800HV 左右；薄膜具有优异的耐磨性，在抗微动磨损上表现尤佳；薄膜的抗氧化温度高达 700℃；但 CrN 膜脆性比较大，而且在镀膜过程中施加偏压可以得到接近于非晶体的光滑表面膜层。

3.2.1.3　ZrN 膜

ZrN 硬质膜的硬度为 2000~2200HV 左右；其耐磨性是 TiN 膜的 3 倍；薄膜与基体有很牢固的结合强度，因此有很高的耐冲击性；薄膜具有高熔点、低电阻率及较好的化学稳定性能；但 ZrN 的抗氧化性和抗损伤性较差，抗氧化温度为 550℃ 左右。

3.2.1.4　NbN 膜

NbN 硬质膜的硬度为 2500～3100HV 左右；NbN 膜既可以是 fcc 结构，也可以是 hcp 结构；fcc 结构的 NbN，不仅结构类型与 TiN 相同，其晶格常数也与 TiN 相近，因此经常与 TiN 系薄膜形成多层或梯度膜，具有很牢固的结合强度，抗氧化温度可达到 600℃ 左右。

3.2.2　多元硬质反应膜

在工况恶劣的条件下，常规 TiN 膜的应用受到了挑战。例如 TiN 薄膜刀具以 70～100m/min 的高速度切削时，刀尖及切削刃附近会产生很大的切削力和强烈的摩擦热而使基体发生塑性变形及软化，导致薄膜易于开裂；由于基体的强度和薄膜与基体间的结合力不够，不能给予 TiN 膜有力的支撑，薄膜往往发生早期破坏；TiN 膜在较高的温度下（大于 550℃），其化学稳定性变差，容易氧化成疏松结构的 TiO_2；此外，高温下依附在薄膜表面的其他元素也容易向薄膜内扩散，导致深层性能的下降。于是，各国纷纷着手开发新型的复合膜技术，新的多元薄膜体系可以使薄膜的成分离析效应降低，并明显地提高薄膜的综合性能，以满足工业技术的发展对薄膜综合力学性能日益提高的要求。

新的多元薄膜体系的发展是从 TiN 膜开始，并沿着几个主要方向逐渐推进：（1）从提高薄膜的初始氧化温度方面的发展，主要代表为（Ti，Al）N 薄膜。（2）从薄膜的硬度，特别是红硬性方面的发展，主要代表为（Ti，Zr）N 薄膜。（3）从更宽泛的综合性能方面的发展，主要有（Ti，Al，Zr）N 薄膜、（Ti，Al，Cr）N 薄膜及在此基础上添加 Y、Si、Hf、Mo、W 等微量元素而形成的更多元的复合硬质薄膜。

3.2.2.1　（Ti，Al）N 膜

向 TiN 膜中添加 Al 元素形成的（Ti，Al）N 膜，以其优异的性能尤其是高温抗氧化性能，引起了世界各国的关注，并逐渐成为 TiN 膜的更新换代产品。薄膜的抗氧化温度高达 750～800℃，当温度超过 750℃ 时，Al 元素使薄膜的外表面转化为 Al_2O_3，它可以阻止薄膜进一步的氧化，大大降低了 TiN 膜在高速切削时的氧化磨损，这起到了保护薄膜/基体的作用。

（Ti，Al）N 作为一种新型的薄膜材料，其硬度在 2800HV 左右。而且，薄膜的硬度与添加的 Al 含量有很大的关系。从图 3.1 可以看出，随着 Al 含量的增加，薄膜的硬度呈上升趋势；当其含量为 50% 摩尔分数时，薄膜的硬度达到最大值；当其含量超过 50% 时，薄膜的硬度迅速下降。

（Ti，Al）N 膜主要由（Ti，Al）N(fcc) 相组成，此外还有（Ti_2Al）N(hcp)、

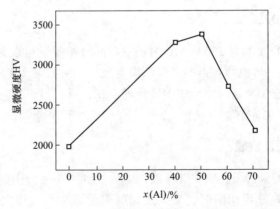

图 3.1　（Ti$_{1-x}$，Al$_x$）N 膜的显微硬度随 Al 含量的变化曲线

（Ti$_{15}$Al）N（hcp）和（Ti$_3$Al）N（CuTiO$_3$ 结构）。在（Ti，Al）N 晶体薄膜中，Al 原子置换 TiN 中的一部分 Ti 原子后，使晶格发生畸变。晶格畸变度大的薄膜，由于晶界增多和位错较多不易滑移，从而导致薄膜硬度的提高。此外，薄膜还具有摩擦系数小、耐磨性强、膜/基结合力强、导热率低等优异的性能。

3.2.2.2　（Ti，Cr）N 膜

（Ti，Cr）N 膜是在 TiN 和 CrN 的基础上发展起来的多元薄膜，Cr 元素的加入使硬度提高到 3100HV 左右，而且它有利于提高基体与薄膜的结合强度，对材料的抗氧化性也有好处，在 700℃时具有良好的抗氧化性能。（Ti，Cr）N 复合薄膜的相结构仍保持了 TiN 类型的 fcc 结构，Cr 是以置换 Ti 的方式存在于 TiN 的点阵中。

与（Ti，Al）N 膜类似，（Ti，Cr）N 薄膜的硬度与薄膜中添加的 Cr 含量有很大的关系，如图 3.2 所示。随着 Cr 含量的增加，薄膜硬度呈上升趋势；当 Cr 含量达到 25%~30%（摩尔分数）时，硬度达到峰值，这与异类粒子添加造成的晶格畸变密切相关；而随后 Cr 含量再增加，薄膜的硬度有所下降。

3.2.2.3　（Ti，Zr）N 膜

（Ti，Zr）N 膜集中了 ZrN 较高的红硬性及 ZrN 和 TiN 结构相似性的优势。Zr 和 Ti 是同族元素，可以完全相互固溶，这会引起晶格畸变而形成能量势垒，出现残余应力，阻碍位错的运动，从而使得薄膜的硬度提高。一般说来，（Ti，Zr）N膜的硬度明显高于（Ti，Al）N 膜，可达到 3000HV 左右，但是其使用寿命低于（Ti，Al）N 膜，高于 TiN 膜。（Ti，Zr）N 二元氮化物反应膜的结构类似于 TiN 和 ZrN，为 fcc-NaCl 型，晶体组织为柱状晶，优势生长面一般为（111）。

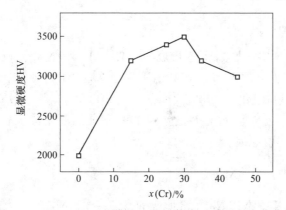

图 3.2 （Ti_{1-x}，Cr_x）N 膜的显微硬度随 Cr 含量的变化曲线

（Ti，Zr）N 薄膜的硬度受 Zr/Ti 原子比值的影响，具有很明显的规律，如图 3.3 所示。（Ti，Zr）N 膜的硬度随着 Zr 在薄膜中原子分数的增大，先升高后下降，最大硬度值出现在 Zr 的原子分数为 40% 左右。

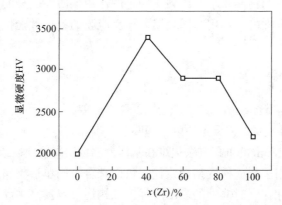

图 3.3 （Ti_{1-x}，Zr_x）N 膜的显微硬度随 Zr 含量的变化曲线

3.2.2.4 （Ti，Al，Cr）N 系膜

向（Ti，Al）N 中添加 Cr、Y 和 Si 等元素可以使薄膜保持高硬度，而且具有更好的抗高温氧化性能。例如，添加微量 Cr 和 Y 到（Ti，Al）N 中形成的（Ti，Al，Cr，Y）N 膜，可以使其氧化温度提高到 950℃；向（Ti，Al）N 添加 Cr 形成的（Ti，Al，Cr）N 膜，可以使其氧化温度提高到 900℃。当连续致密的保护性 Al_2O_3 膜形成以后，Cr 能够继续提高其抗氧化性能，使薄膜表面在高温下形成了 Cr_2O_3 等惰性金属氧化物和共价键 AlN，这有利于薄膜在高温下保持高的硬度、韧性和结合力。

3.2.2.5 (Ti, Al, Zr)N 系膜

向 (Ti, Al)N 中添加 Zr 元素形成的 (Ti, Al, Zr)N 膜，硬度进一步提高到 3200HV 左右。然而，加入 Zr 会在高温下形成 ZrO，阻碍致密 Al_2O_3 防护层的生成，因而降低了其抗氧化性。研究表明，(Ti, Al, Zr)N 膜中形成了 (Ti, Zr)N、(Ti, Al)N、TiN、ZrN 等分离相，这些分离相形成的混晶与晶格畸变是导致薄膜具有较高硬度的主要原因。

3.2.2.6 (Ti, Al, Nb)N 系膜

向 (Ti, Al)N 中添加 Nb 元素形成的 (Ti, Al, Nb)N 系膜，硬度可以提高到 3000HV 左右；膜/基结合力可以超过 200N；氧化温度可以提高到 650℃。

综上所述，从沉积靶材、沉积工艺及薄膜性能等多方面考虑，Ti 作为多元氮化物膜层的基体元素具有最大的优势；Al、Cr、Zr、Nb 和 V 等作为主要的合金化元素显示了不同方面的性能优势；Si、Y、Hf、Mo 和 W 等作为微量添加元素可以满足某些特别的性能要求，起到了一定的作用。薄膜成分的多元化可以改善氮化物膜层的综合性能，利用不同金属元素反应膜的各自性能优势，实现综合性能指标的良好匹配。

3.2.3 多层梯度硬质复合膜

多元合金膜与基体在结构和性能上的匹配性较差，在沉积或使用过程中，由于线膨胀系数和弹性模量的差异等原因，薄膜会产生热应力和不连续应力，往往会出现过早失效，因此一般的沉积方法很难在基体上制备出高硬度且结合牢固的薄膜。

多元薄膜采用多层或梯度结构设计，可以整合不同单层材料的优点，保证多元薄膜的优良特性；同时典型的多层或梯度结构还可以提高多元薄膜与基体及薄膜之间的匹配，能够极大地缓冲薄膜之间的内应力，增大薄膜与基体之间的结合力；多层或梯度界面还可打断柱状晶的生长，阻挡位错的运动，阻碍裂纹的扩展，从而提高表面的硬度；薄膜和过渡层组成了稳定的耐磨损耐冲击强化区，提高了韧性，从而使薄膜的使用性能增强。

目前，多元多层或多元梯度复合薄膜能发挥几种材料各自的优点，大大提高了材料的综合力学性能，成为薄膜体系中较完美的设计，并为硬质膜在诸多行业上的应用拓展提供了可行性。

3.3 本 章 小 结

本章主要介绍了各种硬质复合薄膜的特点与性能，其中包括第一代单一金属

氮化物膜，即 TiN 膜、CrN 膜、ZrN 膜及 NbN 膜等；第二代多元氮化物膜，即 (Ti，Al)N 膜、(Ti，Cr)N 膜、(Ti，Zr)N 膜、(Ti，Al，Zr)N 膜、(Ti，Al，Cr)N 膜及 (Ti，Al，Nb)N 膜等；第三代多层或梯度复合氮化物膜，即多元多层复合膜和多元梯度复合膜。

4　真空镀膜技术

4.1　真空镀膜技术概述

真空镀膜技术是真空应用领域的一个重要方面，是由物理方法产生特殊性能薄膜材料的一种新兴技术。它是以真空技术为基础，利用物理或化学方法，并吸收电子束、分子束、离子束、等离子束、射频和磁控等一系列新技术，为科学研究和实际生产提供薄膜制备的一种新工艺。简单地说，就是在真空中把金属、合金或化合物进行蒸发或溅射，使其在被涂覆的物体（基板、基片或基体）上凝固并沉积的方法。

在真空反应室内，靶材的原子从加热源向外运动，打到被镀试件上，经过一段时间后，在被镀试件的表面形成薄膜。最初，该技术被应用于制备光学镜片，例如望远镜的镜片等。随着科技的发展，该技术被广泛应用，进而衍生出许多功能类的薄膜，例如唱片镀铝、材料表面改性等。真空镀膜主要有三种形式，即蒸发镀膜、溅射镀膜和离子镀膜。应用真空镀膜技术能够赋予被镀零件表面金属光泽，达到镜面效果，并提高零件表面的力学性能。

众所周知，在某些材料的表面上，只要镀上一层薄膜，就能使材料具有许多新的、良好的物理和化学性能。20 世纪 70 年代，在物体表面上镀膜的方法主要有电镀法和化学镀法。前者是通过通电，使电解液电解，被电解的离子镀到另一个电极的基体表面上，因此这种镀膜的条件——基体必须是电的良导体，但是薄膜厚度难于控制。后者是采用化学还原法，必须把膜材配制成溶液，并能迅速参加还原反应，这种镀膜方法不仅薄膜的结合强度差，而且镀膜既不均匀也不易控制，同时还会产生大量的废液，造成严重的污染。因此，这两种被称之为"湿式镀膜法"的镀膜工艺受到了很大的限制。

4.2　真空镀膜技术特点

真空镀膜技术则是相对于上述的湿式镀膜方法而发展起来的一种新型镀膜技术，通常称为"干式镀膜技术"。真空镀膜技术与湿式镀膜技术相比较，具有下列优点：

（1）薄膜和基体选材广泛，薄膜厚度可以根据具体的应用要求进行控制，并且能制备出具有各种不同功能的功能性薄膜。

（2）在真空条件下制备薄膜，环境清洁，薄膜不易受到污染，因此可获得致密性好、纯度高和膜层均匀的薄膜。

（3）薄膜与基体结合强度好，薄膜牢固。

（4）干式镀膜技术既不产生废液，也无环境污染。

真空镀膜技术主要有真空蒸发镀、真空溅射镀、真空离子镀、真空束流沉积、化学气相沉积等多种方法。除化学气相沉积法外，其他几种方法均具有以下共同特点：

（1）各种镀膜技术都需要一个特定的真空环境，以保证制膜材料在加热蒸发或溅射过程中所形成蒸汽分子的运动，不会受到大气中大量气体分子的碰撞、阻挡和干扰的不良影响。

（2）各种镀膜技术都需要有一个蒸发源或靶子，以便把蒸发制膜的材料转化成气体。目前，由于源或靶的不断改进，大大扩大了制膜材料的选用范围，因此无论是金属、金属合金、金属间化合物、陶瓷或有机物质，都可以蒸镀出各种金属膜和介质膜，而且还可以同时蒸镀不同材料进而得到多层膜。

（3）蒸发或溅射出来的制膜材料，在待镀的工件生成薄膜的过程中，对其膜厚可进行比较精确的测量与控制，从而保证膜厚的均匀性。

（4）每种薄膜都可以通过微调阀精确地控制镀膜室中残余气体的成分和含量，例如把氧的含量降低到最小的程度，还可以充入惰性气体等，从而防止蒸镀材料的氧化，这对于湿式镀膜而言是无法实现的。

（5）由于镀膜设备的不断改进，镀膜过程可以实现连续化，从而大大地提高产品的产量，而且在生产过程中对环境无污染。

（6）由于在真空条件下制膜，因此薄膜的纯度高、密实性好、表面光亮不需要再加工，这就使得薄膜的力学性能和化学性能比电镀膜和化学膜好。

4.3　真空镀膜技术分类

真空镀膜技术一般分为两大类，即物理气相沉积（PVD）技术和化学气相沉积（CVD）技术。

物理气相沉积技术是指在真空条件下，利用各种物理方法，将镀料气化成原子、分子或使其离子化为离子，直接沉积到基体表面上的方法。硬质反应膜大多以物理气相沉积方法制得，它利用某种物理过程，如物质的热蒸发，或受到离子轰击时物质表面原子的溅射等现象，实现物质原子从源材料到薄膜的可控转移过程。物理气相沉积技术具有膜/基结合力好、薄膜均匀致密、薄膜厚度可控性好、应用的靶材广泛、溅射范围宽、可沉积厚膜、可制取成分稳定的合金膜和重复性好等优点。同时，物理气相沉积技术由于其工艺处理温度可控制在500℃以下，因此可作为最终的处理工艺用于高速钢和硬质合金类的薄膜刀具上。由于采用物理气相沉积工艺可大幅度提高刀具的切削性能，人们在竞相开发高性能、高可靠性设备的同时，也对其应用领域的扩展，尤其是在高速钢、硬质合金和陶瓷类刀具领域进行了更加深入的研究。

化学气相沉积技术是把含有构成薄膜元素的单质气体或化合物供给基体，借助气相作用或基体表面上的化学反应，在基体上制出金属或化合物薄膜的方法，主要包括常压化学气相沉积、低压化学气相沉积和兼有 CVD 和 PVD 两者特点的等离子化学气相沉积等。

4.3.1 真空蒸发镀技术

真空蒸发镀技术是利用物质在高温下的蒸发现象，来制备各种薄膜材料。其镀膜装置主要包括真空室、真空系统、蒸发系统和真空测控设备，其核心部位是蒸发系统，尤其是加热源。

根据热源的不同，真空蒸发镀可以简单分为以下几种方法：

(1) 电阻加热法。让大电流通过蒸发源，加热待镀材料使其蒸发。对蒸发源材料的基本要求是：高熔点、低蒸气压、在蒸发温度下不与膜材发生化学反应或互溶、具有一定的机械强度，且高温冷却后脆性小等性质。常用的蒸发源材料是钨、钼和钽等高熔点金属材料。按照蒸发源材料的不同，可以制成丝状、带状和板状等。

(2) 电子束加热法。用高能电子束直接轰击蒸发物质的表面使其蒸发。由于直接对蒸发物质加热，避免了蒸发物质与容器的反应和蒸发源材料的蒸发，故可以制备高纯度的薄膜。这种加热方法一般用于电子元件和半导体用的铝和铝合金。另外，用电子束加热还可以使高熔点金属（如 W，Mo，Ta 等）熔化和蒸发。

(3) 高频感应加热法。在高频感应线圈中放入氧化铝和石墨坩埚，将蒸镀的材料置于坩埚中，通过高频交流电使材料感应加热而蒸发。这种方法主要用于铝材料的大量蒸发，其得到的薄膜纯净而且不受带电粒子的损害。

(4) 激光蒸镀法。采用激光照射膜材的表面，使其加热蒸发。由于不同材料吸收激光的波段范围不同，因而需要选用相应的激光器。例如，用 CO_2 连续激光加热 SiO、ZnS、MgF_2、TiO_2、Al_2O_3 和 Si_3N_4 等膜材；用红宝石脉冲激光加热 Ge、GaAs 等膜材。由于激光功率很高，因此可蒸发任何能吸收激光光能的高熔点材料，蒸发速率极高，制得的薄膜成分几乎与膜材成分一样。

4.3.2 真空溅射镀技术

溅射镀技术是利用带电荷的离子在电场中加速后具有一定动能的特点，将离子引向溅射物质做成的靶电极上，在离子能量合适的情况下，入射离子在与靶表面原子的碰撞过程中，将靶材物质溅射出来。这些被溅射出来的原子带有一定的动能，并且会沿着一定方向射向基体，从而实现薄膜的沉积。具体原理是，以镀膜材料为阴极，以工件（基板）为阳极，在真空条件下，利用辉光放电，使通入的氩气电离。氩离子轰击靶材，产生阴极溅射效应，靶材原子脱离靶表面后飞溅到基板上形成薄膜。为了提高氩气碰撞和电离的几率，从而提高溅射的速率，多种强化放电过程的技术方法被开发和应用。根据其特征，溅射法可以分为直流溅射、磁控溅射、反应溅射和射频溅射 4 种。另外，利用各种离子束源也可以实现薄膜的溅射沉积。

利用溅射法不仅可以获得纯金属膜，也可以获得多组元膜。获得多组元膜的方法主要有以下 3 种：

（1）采用合金或化合物靶材。采用合金或复合氧化物制成的靶材，在稳定放电状态下，可使各种组分都发生溅射，得到与靶材的组成相差较小的薄膜。

（2）采用复合靶材。由两个以上的单金属复合而成，可以有多种形状。

（3）采用多个组合靶材。采用两个以上的靶材并使基板进行旋转，每一层约一个原子厚，经过交互沉积而得到化合物膜。

真空溅射技术可以用来制备耐磨、减磨、耐热和抗蚀等表面强化薄膜、固体润滑薄膜以及电、磁、声和光等功能薄膜等。例如，采用 Cr 和 Cr-CrN 等合金靶材或镶嵌靶材，在 N_2 和 CH_4 等气氛中进行反应溅射镀膜；可以在各种工件上镀 Cr、CrC 和 CrN 等镀层；用 TiN 和 TiC 等超硬镀层涂覆刀具和模具等表面，其摩擦系数小，化学稳定性好，具有优良的耐热、耐磨、抗氧化和耐冲击等性能，既可以提高刀具和模具的工作特性，又可以提高其使用寿命，一般可使刀具寿命提高 3~10 倍；另外，TiN，TiC 和 Al_2O_3 等薄膜化学性能稳定，在许多介质中具有良好的耐蚀性，可以作为保护膜。在高温、低温、超高真空和射线辐照等特殊条件下工作的机械部件，不能用润滑油，只有用软金属或层状物质等固体润滑剂，而采用溅射法制取的 MoS_2 膜及聚四氟乙烯膜，润滑效果却十分明显。虽然 MoS_2 膜可用化学反应镀膜法制备，但是溅射镀膜法得到的 MoS_2 膜致密性更好，结合性能更优良。溅射法制备的聚四氟乙烯膜的润滑特性不受环境温度的影响，可长期在大气环境中使用，是一种很有发展前途的固体润滑剂，其使用温度上限为50℃，低于−260℃时，才失去润滑性。

与真空蒸镀法相比，阴极溅射有如下特点：

（1）结合力高。由于沉积到基体上的原子能量，比真空蒸发镀膜高 1~2 个数量级，而且在成膜过程中，基体暴露在等离子区中，基体经常被清洗和激活，因此薄膜与基体的结合力强。

（2）膜厚可控性和重复性好。由于放电电流及弧电流可以被分别控制，因此膜厚的可控性和重复性较好，并且可以在较大的表面上获得厚度均匀的薄膜。

（3）可以制造特殊材料的薄膜。几乎所有的固体材料都能用溅射法制成薄膜，靶材可以是金属、半导体、电介质及多元素的化合物或混合物，而且不受熔点的限制，可以溅射高熔点金属膜。另外，溅射制膜还可以用不同的材质同时溅射制造混合膜。

（4）易于制备反应膜。如果溅射时通入反应气体，使真空室内的气体与靶材发生化学反应，这样可以得到与靶材完全不同的物质膜。例如，利用硅作为阴极靶，氧气和氩气一起通入真空室内，通过溅射就可以得到 SiO_2 绝缘膜；利用钛作阴极靶，将氮气和氩气一起通入真空室，通过溅射就可以获得 TiN 硬质膜或仿金膜。

（5）容易控制膜的组成。由于溅射时氧化物等绝缘材料与合金几乎不分解和不分馏，因此可以制造氧化物绝缘膜和组分均匀的合金膜。

4.3.3 真空离子镀技术

真空离子镀膜技术是近十几年来结合了蒸发和溅射两种薄膜沉积技术而发展起来的一种物理气相沉积方法。最早由美国 SANDIN 公司的 MO-TTOX 创立，并于 1967 年在美国获得了专利权。该技术是在真空条件下，利用气体放电使气体或被蒸发物质部分离化，在气体离子或被蒸发物质离子轰击作用的同时，把蒸发物质或其反应物沉积在基体上。离子镀技术把气体的辉光放电技术、等离子体技术和真空蒸发镀膜技术结合在了一起，这不仅明显提高了薄膜的各种性能，而且大大扩大了镀膜技术的应用范围。这种镀膜技术由于在薄膜的沉积过程中，基体始终受到高能离子的轰击而十分清洁，因此它与蒸发镀膜和溅射镀膜相比较，具有一系列的优点，因此这一技术出现后，立刻受到了人们极大的重视。

虽然，这一技术在我国是 20 世纪 70 年代后期才开始发展，但是其发展速度很快，目前已进入了实用化阶段。随着科学技术的进一步发展，离子镀膜技术将在我国许多工业部门中得到更加广泛的应用，其前景十分可观。

离子镀膜技术的沉积原理可以简单描述为：当真空室的真空度为 10^{-4} Pa（10^{-6} 托）左右以后，通过充气系统向室内通入氩气，使其室内的压强达到 $10^{-1} \sim 1$ Pa。这时，当基体相对蒸发源加上负高压之后，基体与蒸发源之间形成一个等离子区。由于处于负高压的基体被等离子所包围，不断地受到等离子体中的离子冲击，因此它可以有效地消除基体表面吸收的气体和污物，使成膜过程中的薄膜表面始终保持着清洁状态。与此同时，膜材蒸气粒子由于受到等离子体中正离子和电子的碰撞，其中一部分被电离成正离子，正离子在负高压电场的作用下，被吸引到基体上成膜。

同真空蒸镀技术一样，膜材的气化有电阻加热、电子束加热和高频感应加热等多种方式。以气化后的粒子被离化的方式而言，既有施加电场产生辉光放电的气体电离型，也有射频激励的离化型；以等离子体是否能直接使用而言，又有等离子体法和离子束法等；如果将这些方式组合起来，就有电阻源离子镀膜、电子束离子镀膜和射频激励离子镀膜等诸多方法。

真空离子镀技术除了兼有真空蒸镀和真空溅射的优点外，还具有如下几个突出的优点：

（1）附着力好。薄膜不易脱落，这是因为离子轰击会对基体产生溅射作用，使基体不断地受到清洗，从而提高了基体的附着力。同时，由于溅射作用使基体表面被刻蚀，从而使表面的粗糙度有所增加。离子镀层附着力好的另一个原因是轰击的离子携带的动能变为热能，从而对基体表面产生了一个自加热效应，这就提高了基体表面层组织的结晶性能，进而促进了化学反应和扩散作用。

（2）绕射性能良好。由于蒸镀材料在等离子区内被离化成正离子，这些正离子随着电力线的方向而终止在具有负偏压基体的所有部位上。此外，由于蒸镀材料在压强较高的情况下（不低于 $1.33322Pa$（10^{-2}托）），蒸气的离子或分子在到达基体以前的路径上，将受到本底气体分子的多次碰撞，因此可以使蒸镀材料散射在基体的周围。基于上述两点，离子镀膜可以把基体的所有表面，即正面、反面、侧面甚至基体的内部，均可镀上一层薄膜，这一点是蒸发镀膜无法做到的。

（3）镀层质量高。由于所沉积的薄膜不断地受到阳离子的轰击，从而引起了冷凝物发生溅射，致使薄膜组织致密。

（4）工艺操作简单，成膜速度快，可镀制原膜。

（5）可镀材质广泛。可以在金属或非金属表面上镀制金属或非金属材料，如塑料、石英、陶瓷和橡胶等材料，以及各种金属合金和某些合成材料、热敏材料和高熔点材料等。

（6）沉积效率高，一般说来，离子镀沉积几十纳米至微米量级厚度的薄膜，其速度较其他方法要快。

离子镀是具有很大发展潜力的沉积技术，是真空镀膜技术的重要分支。而且，这一技术出现后，立即受到了人们极大的重视，并在国内外得到了迅速的发展。但是其仍有不足之处。例如，目前用离子镀对工件进行局部镀覆还有一定难度；对膜厚还不能直接控制；设备费用也较高，操作也较复杂等。

4.3.4 束流沉积技术

束流沉积技术主要包括离子束沉积技术和分子束外延技术，现分述如下。

4.3.4.1 离子束沉积技术

离子束沉积技术可分为两种：一种是从等离子体中引出离子束轰击沉积靶面材料，然后将溅射出来的粒子沉积在基体上，称之为离子束溅射沉积；另一种是直接把沉积原子电离，然后把离子直接引向基体上沉积成膜，离子能量通常只有 10~100eV，其溅射和辐射损伤效应均可忽略不计，这种称为原离子束沉积。

虽然离子束沉积技术的第一种方法可以归入溅射沉积的类型，但离子束沉积技术的这两种方法在高真空和超高真空中实现，因此基体和薄膜的杂质和污点明显降低；同时由于没有高能电子的轰击，在不附加冷却系统的情况下，基体就可以保持低温，这正是 LST 和 VLSI 所需要的低温工艺。通过控制得到高质量的薄膜，是原离子束无掩膜的直接沉积，并可以实现多元素的同时沉积，且重复性颇佳。因此在大规模集成电路中，离子束沉积技术是重点开发技术之一。它的主要特点是沉积速率和自溅射效应低，特别在大面积和均匀性二者之间难以兼得，其技术关键就在于研制大面积、分布均匀和高密度的离子来源。离子束沉积技术的物理本质包括：沉积材料在沉积室（镀膜室）不是在高真空下被蒸发，但压强是在 MH9 范围之内（266.644kPa，2×10^3 托）；在蒸发的同时，加于基体上的负电压能够提供结合力极好且不疏松的沉积膜。

离子束沉积的一个突出优点是在基体所有面上都能得到结合力好的沉积膜，而通常的蒸发镀膜要在很高的真空环境下才可制取到满足要求的沉积薄膜。其涉及的因素是一些蒸发材料在等离子区被离化，这些正离子在电场作用下运动至偏压基体所有的面上，即沉积在基体的正面、反面，甚至基体的内部。然而，理论和实践都表明，此种方式在等离子区中离化率的程度很低。如果在离子沉积中也用等离子体，则沉积材料的主要部分与其说是离子，不如说是中性的粒子。

在离子束沉积过程中，对沉积速率影响最大的是气体散射。这就必须研究在沉积过程中，周围气体压强对离子束沉积膜的影响。首先，是高能蒸气原子对周围气体分子的碰撞，其减少了沉积原子的平均能量，这将降低膜的质量；其次，在基体上存在的污染气体将限制膜的结合力及沉积原子移向基体周围的能力；最后，甚至是更严重的，是沉积气体原子的碰撞影响了沉积材料的凝聚，这些到达基体的沉积原子当凝聚时便引起非黏附的颗粒膜的形成，它们的形成多数是无用的。

4.3.4.2 分子束外延技术

分子束外延技术是 20 世纪 70 年代国际上迅速发展的一项新技术，它是在真空蒸发工艺基础上发展起来的一种外延生长单晶薄膜的新方法。1969 年，美国的贝尔实验室和 IBM 对分子束外延技术进行了研究。此外，英国和日本也随后对其进行了研究，我国则始于 1975 年。目前，分子束外延设备及工艺已日趋完善，已由初期较简单的实验设备发展到今天具有多种功能的系列商品。而我国自从第一台分子束外延设备研制成功后，随后又成功研制了具有独立束源快速换片型分子束外延设备，它是研究固体表面的重要手段，也是发展新材料和新器件的有力工具。与真空蒸发镀膜技术类似，分子束外延技术是在超高真空条件下，构成晶体的各个组分和掺杂原子以一定速度、按照一定比例喷射到热衬底上，进行晶体外延生长单晶膜的方法。

该方法与其他液相和气相外延生长方法相比较，具有如下特点：

（1）生长温度低，可以做成突变结，也可以做成缓变结。

（2）生长速度慢，可以任意选择，可以生长超薄且平整的膜层。

（3）在生长过程中，可以同时精确地控制生长层的厚度、组分和杂质的分布，结合适当的技术，可以生长二维和三维图形结构。

（4）在同一系统中，可以原位观察单晶薄膜的生长过程，进行结晶和生长机制的分析研究，也避免了大气污染的影响。

综上所述，由于这些特点，使得这一新技术得到迅速发展。它的研究领域广泛，涉及到半导体材料、器件、表面和界面等方面，并取得显著的进展。而分子束外延设备综合性强、难度大，涉及到超高真空、电子光学、能谱、微弱讯号检测及精密机械加工等现代技术。分子束外延技术实质上是超高真空技术、精密机械以及材料分析和检测技术的有机结合体，其中的超高真空技术是它的核心部分。因此，无论是国产或是进口设备，在这方面都十分考究。

4.3.5 化学气相沉积技术

前面叙述的镀膜技术属于物理气相沉积，即 PVD 技术。以下讨论使用加热等离子体和紫外线等各种能源，使气态物质经过化学反应生成固态物质，并沉积在基体上的方法，这种方法称为化学气相沉积技术，简称 CVD 技术。

4.3.5.1 化学气相沉积技术原理

CVD 技术原理是建立在化学反应基础上，利用气态物质在固体表面上进行化学反应，生成固态沉积物的过程。从广义上分类，有 5 种不同类型的 CVD 反应，即固相扩散型、热分解型、氢还原型、反应沉积型和置换反应型。其中，固相扩散型是使含有碳、氮、硼和氧等元素的气体和炽热的基体表面相接，使表面直接碳化、氮化、硼化和氧化，从而达到对金属表面保护和强化的目的。这种方法利用了高温下固相—气相的反应，由于非金属原子在固相中扩散困难，薄膜的生长速度较慢，因此要求较高的反应温度，其适用于制造半导体膜和超硬膜。其反应法有热分解法和反应沉积法，但热分解法受到原料气体的限制，同时价格较高，因此一般使用反应沉积法进行制备。

将样品置于密闭的反应器中，外面的加热炉保持所需要的反应温度（700~1100℃）。TID 由 H_2 载带，途中和 CH_4 或 N_2 等混合，再一起涌入反应器中。反应中产生的残余气体在废气处理装置中一并排放，反应在常压或 6666.1~133322Pa（50~100 托）的低真空下进行，通过控制反应器的大小、反应温度、压力和气体的组分等，进而得到最佳的工艺条件。

4.3.5.2 化学气相沉积技术的优点

（1）既可制造金属膜，又可按要求制造多成分的合金膜。通过对多种气体原料的流量进行调节，能够在相当大的范围内控制产物的组分，并能制取混晶等复杂组成和结构的晶体，同时能制取用其他方法难以得到的优质晶体。

（2）速度快。沉积速度能达到每分钟几微米甚至几百微米，同一炉中可放入大批量的工件，并能同时制出均一的薄膜，这是其他的薄膜生长法，如液相外延和分子束外延等方法所远不能比拟的。

（3）在常压或低真空下，镀膜的绕射性好。开口复杂的工件、件中的深孔和细孔均能得到均匀的薄膜，在这方面 CVD 要比 PVD 优越得多。

（4）性能好。由于工艺温度高，能得到纯度高、致密性好、残余应力小和结晶良好的薄膜；又由于反应气体、反应产物和基体间的相互扩散，可以得到结合强度好的薄膜，这对于制备耐磨和抗蚀等表面强化膜是至关重要的。

（5）可以获得表面平滑的薄膜。这是因为 CVD 与 LPE 相比，前者是在高饱和度下进行的，成核率高，成核密度大，在整个平面上分布均匀，从而产生宏观平滑的表面。同时在 CVD 中，与沉积相关的分子或原子的平均自由程比 LPE 和熔盐法大得多，从而使分子的空间分布更均匀，这更有利于形成平滑的沉积表面。

（6）辐射损伤低。这是制造 MOS（金属氧化物半导体）等半导体器件不可缺少的条件。

化学气相沉积的主要缺点是：反应温度太高，一般在1000℃左右，许多基体材料大都经受不住 CVD 的高温，因此其用途大大受到限制。

4.4 真空镀膜技术应用

早在 20 世纪初，美国大发明家爱迪生就提出了唱片蜡膜采用阴极溅射进行表面金属化的工艺方法，并于 1930 年申报了专利，这便是薄膜技术在工业应用的开始。但是，这一技术当时因受到真空技术和其他相关技术发展的限制，其发展速度较慢。直到 20 世纪 40 年代，这一技术在光学工业中才得到了迅速地发展，并且逐渐形成了薄膜光学，成为光学领域的一个重要分支。

真空镀膜技术在电子学等方面开始主要用来制造电阻和电容元件。但是，随着半导体技术在电子学领域中的大量应用，真空镀膜技术就成了晶体管制造和集成电器生产的必要工艺手段。

尽管电子显微镜能揭开微观世界的奥秘，但其观察到的标本必须经过真空镀膜处理才能观察。激光技术的心脏——激光器，需要镀上精密控制的光学薄膜才能使用。因此，太阳能的利用也与真空镀膜技术息息相关。

用真空镀膜技术代替传统的电镀工艺，不但能节省大量的膜材并降低能耗，而且还会避免湿法镀膜产生的环境污染。因此，在国外已经大量使用真空镀膜来代替电镀，为钢铁零件涂覆防腐层和保护膜，冶金工业也用来为钢板加镀铝防护层。

塑料薄膜采用真空镀膜技术加镀铝等金属膜，再进行染色，可得到用于纺织工业中的金银丝等制品，或用于包装工业中的装饰品。

在建筑工业上，采用建筑玻璃镀膜已经十分盛行。这种薄膜不但可以美化和装饰建筑物，而且可以节约能源，这是因为在玻璃上镀反射膜，可以使低纬地区的房屋避免炎热的阳光直射室内，从而节约了空调费用；玻璃上镀滤光膜和低辐射膜，可使阳光射入，而作为室内热源的红外辐射又不能通过玻璃辐射出去，这在高纬地区也可达到保温节能的目的。

近些年来，随着真空镀膜技术由过去传统的蒸发镀和普通的二级溅射镀，发展为磁控溅射镀、离子镀、分子束外延和离子束溅射等一系列新的镀膜工艺，几乎任何材料都可以通过真空镀膜的方法，涂覆到其他材料的表面上，这就为真空镀膜技术在各种工业领域中的应用开辟了更加广阔的道路。

4.5　多弧离子镀技术概述

4.5.1　离子镀技术发展

自从美国人 D. M. Mattox 在 1963 年首次提出并率先应用离子镀技术以来，该技术一直受到研究人员的重视和用户的关注，发展相当迅速。1971 年，Chamber 研制出了成型枪电子束蒸发镀；1972 年，美国人 R. F. Bunshah 和 A. C. Ranghuram 发明了活性反应蒸镀（ARE）技术，并成功地沉积了以 TiN 和 TiC 为代表的硬质膜，使离子镀技术进入了一个新的阶段；随后，空心热阴极技术用于薄膜材料的沉积合成上，进一步将其发展完善成空心阴极放电离子镀，它是当时离化效率最高的镀膜形式；1973 年，出现了射频激励法离子镀；进入 20 世纪 80 年代，国内外又相继开发出电弧放电型高真空离子镀、电弧离子镀和多弧离子镀等。至此，各种蒸发源及各种离化方式的离子镀技术相继问世。近年来，国内按照不同的使用要求制造出了各种离子镀设备，并已达到了工业生产的水平，其中多弧离子镀技术在 20 世纪 80 年代中期就广泛应用于工业生产中，近些年来又获得了快速的发展。典型镀膜方法的比较见表 4.1。

表 4.1　典型镀膜方法的比较

镀膜方法	电镀	真空蒸发	溅射镀膜	离子镀	化学气相沉积
可镀材料	金属	金属、化合物	金属、合金、化合物、陶瓷、聚合物	金属、合金、化合物	金属、化合物
镀覆机理	电化学	真空蒸发	辉光放电、溅射	辉光放电	气相化学反应
薄膜结合力	一般	差	好	很好	很好
薄膜质量	可能有气孔，较脆	可能不均匀	致密、针孔少	致密、针孔少	致密、针孔少
薄膜纯度	含浴盐和气体杂质	取决于原料纯度	取决于靶材纯度	取决于原料纯度	含杂质
薄膜均匀性	平面上较均匀、边棱上不均匀	有差异	较好	好	好
沉积速率	中等	较快	较快（磁控溅射）	快	较快
镀覆复杂表面	能镀，可能不均匀	只能镀直射的表面	能镀全部表面，但非直射面结合差	能镀全部表面	能镀全部表面
环境保护	废液、废气需处理	无	无	无	废气需处理

4.5.2　多弧离子镀技术特点

多弧离子镀技术是采用冷阴极电弧蒸发源的一种较新的物理气相沉积技术，它是把真空弧光放电用于蒸发源的镀膜技术，也称真空弧光蒸发镀。其特点是采用电弧放电方法直接蒸发靶材，阴极靶即为蒸发源，这种装置不需要熔池。多弧离子镀是以等离子体加速器为基础发展起来的等离子体工艺过程。多弧离子镀以其离化率高、沉积速率快和膜/基结合强度好等诸多优点，占有了薄膜市场的很大份额，是工业领域沉积硬质膜的最优方法。另外，磁过滤阴极真空电弧技术由于运用等离子体电磁场过滤，可有效减少或消除大颗粒，但它同时会导致沉积速率的大幅度下降，因此不能适应实际生产的高效率要求。

多弧离子镀技术具有以下主要特点：

（1）从阴极可直接获得等离子体，不需要熔池，阴极靶也可根据需要任意方向布置，且它也可采用多个蒸发源装置，夹具简单易操作。

（2）外加磁场可以改善电弧放电，使电弧细碎，转动速度加快，细化薄膜微粒，对带电粒子产生加速作用等。

（3）基体与膜的界面发生原子扩散，使薄膜的致密度提高，强度和附着强度好。

（4）离化率高，大多数金属可达到60%~85%，这使镀膜的均匀性以及结合力有所提高，是实现"离子镀膜"和"反应镀膜"的最佳工艺。

（5）一弧多用，既是蒸发源、加热源，又是预轰击净化源和离化源。

（6）设备结构简单且可以拼装，适用于各种形状工件进行镀膜，具有灵活性，工作电压低，较安全。

（7）沉积速率高，镀膜效率高。

（8）镀膜过程时间短，提高了工作效率。

（9）在高功率条件下，产生飞点，影响镀膜的综合性。

（10）阴极发射的蒸气微粒不均匀，有的微粒达微米级。因此，细化蒸气微粒是当前提高薄膜质量的关键。

（11）不足之处是降低薄膜表面光洁度。阴极弧蒸发过程非常剧烈，会使薄膜产生较多的金属液滴和微孔等缺陷。

4.5.3 多弧离子镀技术原理

多弧离子镀的工作原理主要基于冷阴极真空弧光放电理论。冷阴极真空弧光放电理论认为电量的迁移借助于场电子发射和正离子电流，两种机制同时存在，而又相互制约。多弧离子镀使用的是从阴极弧光辉点放出的阴极物质的离子。阴极弧光辉点是存在于极小空间的高电流密度、高速变化的现象，其机理如图4.1所示。

真空电弧开始放电后，阴极靶材蒸发出大量原子，这些原子在阴极表面做不规则运动并在短距离内产生强大的电场，使电子从金属的费米能级移动到真空中。金属原子随着电子的发射而迁移，并被电离成高能量的正离子（如 Ti^+），正离子与其他离子（如 N^-）在真空室内结合，最终沉积在被镀样品表面形成薄膜。

在放电的过程中，阴极材料大量地蒸发，这些蒸气原子所产生的正离子在阴极表面附近很短的距离内产生极强的电场。在这样强电场的作用下，电子足以能够直接逸出到真空，产生了"场电子发射"。在切断引弧电路之后，这种场电子发射型弧光放电仍能自动维持。按照 Fowler Norcheim 方程，可以简化为：

$$J_e = BE^2 \exp(-C/E)$$

式中 J_e——电流密度，A/cm^2；

     E——阴极电场强度，V/cm；

  B，C——与阴极材料有关的常数。

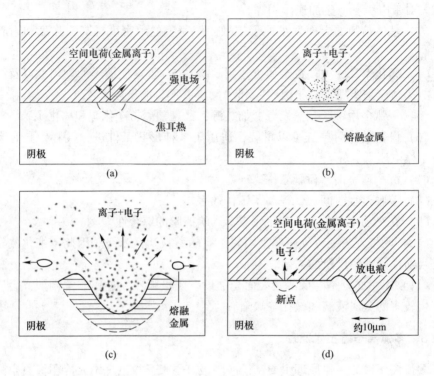

图 4.1　真空弧光放电示意图

多弧离子镀使用的是从阴极弧光辉点放出的阴极物质的离子。阴极弧光辉点是存在于极小空间的高电流密度、高速变化的现象，其机理如图 4.1 所示。

（1）被吸引到阴极表面的金属离子形成空间电荷层，由此产生强电场，使阴极表面上功函数小的点（晶界或微裂纹）开始发射电子，如图 4.1（a）所示。

（2）个别发射电子密度高的点，电流密度高。焦耳热使其温度上升又产生了热电子，进一步增加了发射电子，这种正反馈作用使电流局部集中，如图 4.1（b）所示。

（3）由于电流局部集中产生的焦耳热使阴极材料局部的、爆发性的等离子化而发射电子和离子，然后留下放电痕，这时也放出熔融的阴极材料粒子，如图 4.1（c）所示。

（4）发射的离子中的一部分被吸引回阴极材料表面，形成了空间电荷层，产生了强电场，又使新的功函数小的点开始发射电子，如图4.1（d）所示。

这个过程反复地进行，弧光辉点在阴极表面上激烈地、无规则地运动。弧光辉点通过后，在阴极表面上留下了分散的放电痕。

阴极辉点极小，有关资料测定为 $1\sim100\mu m$。因此，其具有很高的电流密度，其值为 $10^5\sim10^7 A/cm^2$。这些辉点犹如很小的发射点，每个点的延续时间很短，约为几至几千微秒。在此时间结束后，电流就分布到阴极表面的其他点上，建立足够的发射条件，就会使辉点附近的阴极材料大量蒸发。阴极斑点的平均数和弧电流之间存在一定的比例关系，比例系数随阴极材料而变。根据实验，电流密度估计在 $10^5\sim10^8 A/cm^2$ 范围内。

真空电弧的电压用空间电荷公式计算，则为

$$u = \left(\frac{9J_e x^2}{4\varepsilon_0}\sqrt{\frac{m}{2e}}\right)^{\frac{2}{3}}$$

式中　J_e——导电介质的电流密度，A/cm^2；

　　　u——电弧电压，V；

　　　x——导电介质的长度，cm；

　　　ε_0——能量密度，mJ/cm^3；

　　　e——电子电荷量，C；

　　　m——离子质量，mg。

阴极斑点可以分为以下4种类型：

（1）静止不动的光滑表面斑点（LSS）。

（2）移动的光滑表面斑点（MSS）。

（3）带平均结构效应的粗糙表面斑点（RSA）。

（4）带个体结构效应的粗糙表面斑点（RSI）。

阴极辉点使阴极材料蒸发，从而形成定向运动的、具有 $10\sim100eV$ 能量的原子和离子束流，其足以在基体上形成结合力牢固的薄膜，并使沉积速率达到 $10nm/s\sim1\mu m/s$，甚至更高。在这种方法中，如果在蒸发室中通入所需的反应气体，则能生成反应物膜，其反应性能良好，且薄膜致密均匀、结合性能优良。

一般在系统中需设置磁场，以改善蒸发离化源的性能。磁场使电弧等离子体加速运动，增加阴极发射原子和离子的数量，提高原子和离子束流的密度和定向性，减少大颗粒（液滴）的含量，这就相应地提高了薄膜的沉积速率、薄膜的表面质量和膜/基的结合性能。

多弧离子镀设备主要由真空控制系统、镀膜室、真空测量系统、气体供给系统、辅助加热、工作偏压电源及电动机等几个部分构成，如图4.2所示。

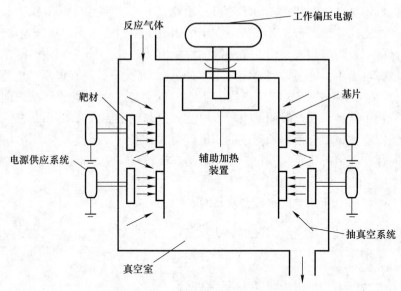

图 4.2　多弧离子镀设备示意图

4.6　本 章 小 结

　　本章阐述了各种真空镀膜技术特点、分类与应用，尤其是多弧离子镀技术的发展概况、特点及原理。真空镀膜技术是以真空技术为基础，利用物理或化学方法，并吸收电子束、分子束、离子束、等离子束、射频和磁控等一系列新技术。物理气相沉积技术是指在真空条件下，利用各种物理方法，将镀膜材料气化成原子、分子或使其离化为离子，直接沉积到基体表面上的方法。制备硬质反应膜大多以物理气相沉积方法制得，它利用某种物理过程，如物质的热蒸发，或受到离子轰击时物质表面原子的溅射等现象，实现物质原子从源物质到薄膜的可控转移过程。多弧离子镀技术是采用冷阴极电弧蒸发源的一种较新的物理气相沉积技术，它是把真空弧光放电用于蒸发源的镀膜技术，也称为真空弧光蒸发镀，特点是采用电弧放电方法直接蒸发靶材，阴极靶即为蒸发源，这种装置不需要熔池。多弧离子镀是以等离子体加速器为基础发展起来的等离子体工艺过程，以其离化率高、沉积速率快和膜/基结合强度好等诸多优点，占据了薄膜市场的很大份额，是工业领域沉积硬质膜的最优方法。

5　膜片基体制备工艺

5.1　膜片基体选取

喷涂胶枪主要用来喷涂液态隔音阻尼胶，是阻尼胶流经的通道。因此，喷涂胶枪在其力学性能和使用性能上有如下要求：

（1）液态隔音阻尼胶是通过喷枪喷涂在车身表面，因此在阻尼胶的喷射过程中，膜片需要承受较大的冲击力，这就要求膜片应具备较高的耐磨性，避免在较大的冲击力下，因产生摩擦而发生磨损，导致膜片的尺寸精度发生改变，从而影响喷射出的胶条尺寸。通过科学研究可以发现，硬度越高的材料，其耐磨性就越好，因此选取硬度大且耐磨性好的材料作为膜片的材料。

（2）膜片是胶枪枪头中的一个小组件，但却影响着涂胶喷出后的宽度、厚度以及完整性。因此，在膜片的加工过程中，需要注意膜片的尺寸精度，除了要设计出合理的加工工艺，还需要采取精准的检测方法，进行膜片尺寸分析。

综上所述，本研究选取 W18Cr4V 高速钢和 WC-8%Co 硬质合金为膜片基体材料进行工艺设计并加工。W18Cr4V 高速钢是一种具有高硬度、高耐磨性和高耐热性的工具钢，又名锋钢。主要用于制造金属材料的切削刀具和一些精密刀具，如：锯条、拉刀、插齿刀等。W18Cr4V 高速钢是一种通用型高速钢，其硬度在 62~65HRC 之间、抗弯强度达到 3.0~3.4GPa，且具有强度高、耐磨性好等优点。硬质合金是难熔金属的硬质化合物和黏结金属通过粉末冶金工艺制成的合金材料。其硬度一般在 86~95HRC 之间，普遍应用于刀具材料（如车刀、铣刀、钻头等）和耐磨零部件（如精密轴承、金属磨具等），涉及到军火工业、航天工业、机械加工、建筑、医疗等多个领域。WC-8%Co 硬质合金具有硬度高、韧性好、耐磨性和耐腐蚀优良等性能。因此，选取符合高硬度、高耐磨性能的 W18Cr4V 高速钢和 WC-8%Co 硬质合金作为膜片基体材料。

5.2　制 备 工 艺

5.2.1　膜片外形尺寸

喷涂液态阻尼胶选择扇形喷涂雾化型枪头，该喷头不但能使阻尼胶流畅喷涂，还能保证阻尼胶喷涂后的形状和厚度。针对枪头内置膜片进行外形设计研究，根据所选枪头类型进行膜片草图设计，如图 5.1 所示。膜片轮廓主要由涂胶通道口、扇形喷涂开口、定位孔和螺栓孔构成。根据枪头尺寸测量出膜片的轮廓大小为总长 44mm，总宽 40mm，厚 0.36mm。

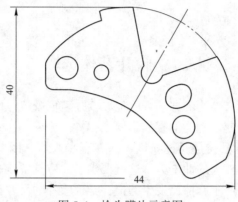

图 5.1　枪头膜片示意图

5.2.2　膜片基体加工工艺

5.2.2.1　板材线切割

通过对枪头尺寸的测量，得出膜片的整体尺寸为长 44mm、宽 40mm、厚 0.36mm，且膜片轮廓呈半圆形，为方便进行尺寸加工，故对板材进行切块处理。因在机械加工过程中易发生过切削、过磨损等失误，故在将板材切块时需要适当预留出加工余量。因此，板材的处理方法采用线切割方法，将 W18Cr4V 高速钢和 WC-8%Co 硬质合金板材，切割成直径为 100mm、厚度为 1mm 的圆形加工原料，以备下一步工艺加工使用。

5.2.2.2　粗加工

将切割后的圆形加工原料，用立式磨床进行表面粗磨。将加工原料的厚度尺寸从 1mm 加工到 0.8mm。这样不仅可以避免工件淬火后硬度提高而导致的不易磨削，还可以去除原料表面的杂质和氧化部分，留作下一阶段的热处理准备。

5.2.2.3　热处理工艺

对两种高硬度材料进行热处理，使其具有稳定的力学性能。高速钢的热处理工艺普遍采用淬火和回火工艺，淬火温度应接近 W18Cr4V 高速钢固相线温度，并尽量减小淬火时间。高速钢的热处理工艺主要包括预处理工艺→高温淬火工艺

→多次回火工艺 3 个部分。因此，其热处理工艺方法如下：

（1）预处理工艺。用箱式炉加热工件到（730~840）℃×5min，减小工件内外温度差，降低内应力。

（2）高温淬火工艺。将预处理后的工件放置于盐浴炉中，进行加热保温至1210~1230℃，保温 3min30s，之后出炉进行油冷。

（3）回火工艺。采用 3 次回火，温度在 540~560℃ 之间，保温时间为 2h。热处理工艺可以让工件的洛氏硬度达到 62~63HRC。

硬质合金的热处理工艺方法多种多样，针对不同的合金牌号和不同的热处理目的，所对应的热处理方法也大不相同，硬质合金热处理工艺见表 5.1。故选取 WC-8%Co 硬质合金的热处理工艺为淬火、回火工艺。因此，其热处理工艺方法如下：

（1）预处理工艺。用箱式炉加热工件到（730~840）℃×5min，减小工件内外温度差，降低内应力。

（2）高温淬火工艺。将预处理后的工件放置于盐浴炉中，进行加热保温至950~1000℃，保温 3min30s，之后出炉进行油冷。

（3）回火工艺。温度在 500~550℃ 之间，保温时间为 3h。

表 5.1 硬质合金热处理工艺

合金牌号	热处理工艺	工艺参数	力学性能
YG8、YG11、YG15、YG20	淬火+回火	950℃×12h 矿化油淬火，500℃×3h 回火后空冷处理	提高硬度
YG25	渗硼和硼镧共渗	1000℃，20%硼酸盐+20%SiC+52%NaCl+5%Na_2CO_3+2%~3%稀土镧，保温+油淬+2 次退火	提高硬度，提高耐磨性
YT14	淬火+回火	1300℃加热油淬，700℃回火	提高抗拉强度，提高硬度

5.2.2.4 精加工

采用圆台平面磨床对工件进一步粗磨，将工件的厚度尺寸加工到 0.6mm，以减少精加工的磨削量，避免由于精磨磨削量过多、磨削时间较长导致工件受热而产生变形，进而影响厚度公差。然后，将粗磨的工件放在高精度平面磨床上，加工工件的厚度至图纸要求的 0.36mm，制备出最终厚度的工件。

将厚度为 0.36mm 的工件，按照图纸尺寸进行外形切割，切割使用的设备为日本 SODICK AQ400LS 型号的慢走丝切割设备，如图 5.2 所示。慢走丝切割技术是以铜线为工具电极，电极丝在低于 0.2mm/s 的速度单向运动，加工后工件的精度可以达到 0.001mm 级，其表面性能也近似于磨削水平。慢走丝切割的电极丝不可重复使用、工作平稳、抖动小、加工精度高、适用于加工厚度较小的机械零件。因此，采用慢切割工艺切割膜片基体轮廓，使其达到 0.01mm 的尺寸公差要求。

图 5.2 AQ400LS 慢走丝切割设备

5.3 膜片基体分析

判定膜片基体是否满足硬度及外形尺寸的精度要求，这需要对所有膜片基体逐一进行测量。其中，膜片基体上的定位孔及销孔尺寸测量，需要采用塞规进行孔的尺寸测量。首先，将不同开口角度的膜片基体放在模具里检验开口角度及大小，进行初步筛选；然后，初步筛选出合格膜片基体；最后，进行硬度和外形尺寸的精度分析。

5.3.1 硬度分析

利用 HV-1000 显微维氏硬度计检测膜片基体的硬度。对于硬度检测而言，试验力的选择十分重要。较大的试验力（如 50g、100g 等）可能会使膜片基体发生开裂，使检测无法进行；较小的试验力（如 10g 等）则可能会因为膜片基体表面的粗糙进而导致测量结果出现大误差，从而失去检测的真实意义。因此，考虑到膜片基体的厚度和预测膜片基体的硬度值，将试验力设定为 25g，并保证 20s 的试验力保荷时间，进行膜片基体的硬度检测。进行 10 次检测，求其平均值，得到 W18Cr4V 高速钢膜片基体的硬度为 $750HV_{0.025}$，而 WC-8%Co 硬质合金膜片基体的硬度为 $1160HV_{0.025}$。

5.3.2 轮廓尺寸分析

膜片基体轮廓尺寸精度会直接影响到涂胶喷涂后的完整性，因此对于加工后的膜片基体尺寸，精度要求达到 0.01mm。通过加工工艺的选择，选用慢走丝切割技术切割膜片基体外形，理论上可以达到 0.01mm 的定位及加工精度。为了保证实际膜片基体尺寸的精度符合要求，选取最优的设备进行膜片基体尺寸检测，并与膜片基体的设计尺寸进行对比，分析尺寸误差。膜片基体的设计尺寸数据如图 5.3 所示。

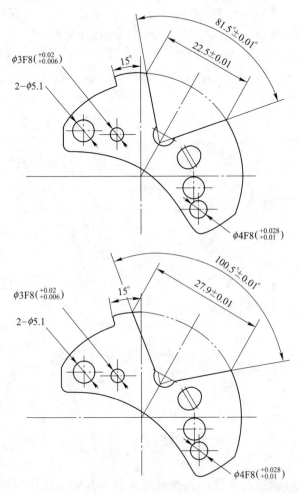

图 5.3　膜片基体尺寸设计

由于膜片基体的尺寸精度过高，且形状不规则，故选取一个高精度和高灵敏度的尺寸检测方法和设备对尺寸精度的影响至关重要。随着科学技术的高速发展，二次元影像测量技术在测量仪器行业脱颖而出，通过将传统的光学投影和计算机相结合，实现了数字化工业检测。

二次元影像测量仪具有以下优点：（1）X、Y 轴定位精准；（2）多点测量点、线、圆、圆弧等，提高测量精度；（3）平移和坐标摆正，提高测量效率；（4）测量数据可直接生成完整的 CAD 工程图等。该测量技术被广泛应用于手机配件、仪表、精密夹具、机械配件等领域的检测。因此，选用公差达到 0.002mm 的 AVR300 CNC 影像测量系统，对膜片基体进行尺寸检测。将膜片基体放置于工作台上并固定，通过电脑端进行点、线、角度等尺寸的检测，待检测结果传入电脑后，生成完整的检测工程图，如图 5.4 所示。将检测后的数据与图 5.3 中的数据进行对比，能够发现制备的膜片基体无论是角度尺寸误差，还是圆直径尺寸误差，都在 0.006mm 以内，符合尺寸公差 0.01mm 的标准。针对膜片基体的厚度尺寸，使用电感测微仪进行检测，检测结果在（0.36±0.006）mm，符合尺寸公差 0.01mm 的标准。

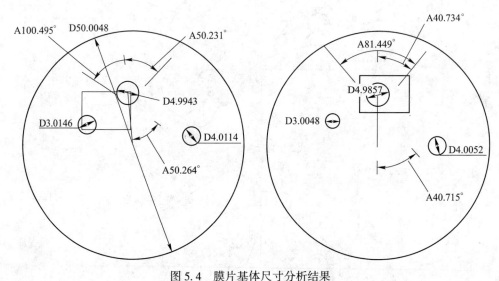

图 5.4　膜片基体尺寸分析结果

5.4　本章小结

根据阻尼胶喷涂枪头膜片的工作环境条件，其要求膜片基体必须具有高硬度、高耐磨性能等力学性能，以及高精度轮廓尺寸的实际使用性能。故选取两种超硬材料作为膜片基体，进行加工工艺设计。

（1）选定 W18Cr4V 高速钢和 WC-8%Co 硬质合金板材，将其处理成直径为 100mm、厚度为 1mm 的圆形加工原料，再将加工原料进行粗磨至厚度 0.8mm。

（2）针对 W18Cr4V 高速钢基体，进行（730~840）℃×5min 的预处理、盐浴炉（1210~1230）℃×3min30s 的油淬处理、3 次（540~560）℃×2h 的回火工艺处理。而针对 WC-8%Co 硬质合金基体，进行（730~840）℃×5min 的预处理、盐浴

炉 (950～1000)℃×3min30s 的油淬处理、(500～550)℃×3h 的回火工艺处理。

(3) 将热处理后的工件进一步粗磨至厚度 0.6mm，再精磨至 0.36mm，然后采用慢走丝切割工艺将工件进行轮廓切割，制备出喷涂枪头膜片基体。

采用 HV-1000 显微维氏硬度计来分析膜片基体的硬度，得出 W18Cr4V 高速钢的硬度可达到 $750HV_{0.025}$，而 WC-8%Co 硬质合金硬度可达到 $1160HV_{0.025}$。采用二次元影像测量技术分析膜片基体尺寸，得到实际膜片基体尺寸误差在 ±0.006mm，符合膜片基体 0.01mm 的精度要求。采用电感测微仪对膜片基体厚度进行分析，其尺寸误差在 ±0.006mm，符合膜片基体 0.01mm 的精度要求。

6 膜片表面镀膜工艺

6.1 实验设备与材料

6.1.1 实验设备

本研究采用沈阳真空技术研究所的 MAD-4B 型真空多弧离子镀设备。其具有较高的真空度（极限真空度约为 8.0×10^{-4} Pa）、可控性强（工艺参数可分别调节）、多沉积靶源和外加可控维弧磁场等多种特点。镀膜机主要由真空反应室、真空系统、电控系统和冷却系统 4 部分组成，图 6.1 所示为 MAD-4B 型多弧离子镀膜机的结构示意图。该设备具有以下特点：

（1）真空系统采用罗茨泵进行抽真空，抽气速率可达到 150L/s，具有速度快、时间短、真空度高的优点。

（2）在设备使用过程中，可根据需要分别进行参数调节，具有良好的可操作性。

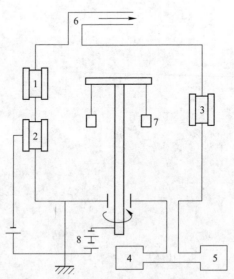

图 6.1 MAD-4B 型多弧离子镀结构示意图

1，2—Ti-Al-Zr 靶；3—Nb 靶；4，5—进气口；6—真空系统；7—试样；8—偏压电源

（3）设备内可安放多个沉积靶，由传动轴带动着工件架旋转，使工件上被镀的薄膜更加均匀。

（4）设备的电控柜上可直接获取实验过程中的全部参数信息。

6.1.2 基材选择与预处理

本实验选用 W18Cr4V 高速钢和 WC-8%Co 硬质合金两种材料的膜片基体。通过设计加工工艺并制备出两种材料膜片基体，检测其硬度分别为 $750HV_{0.025}$ 和 $1160HV_{0.025}$。

基体材料在表面镀膜前要进行抛光、清洗等预处理，目的在于将基体表面的油污、氧化和腐蚀杂质清理干净。基体进行预处理后，不仅可以保证其表面干净和平整，同时可以增强薄膜与基体间的黏合强度。若基体表面不洁净或不光滑平整，存有氧化层、油污等杂质，则容易在镀膜时发生脱落、微孔等现象，严重影响薄膜和基体间的结合强度。因此，对基体材料进行预处理是十分必要的。本实验中对两种材料膜片基体进行抛光，直至达到镜面状态，再用丙酮和酒精对膜片进行超声清洗两次，每次时长 15min，最后将膜片烘干后放置于多弧离子镀的反应室置物架上。

6.1.3 靶材选择

本实验采用两个 Ti63-Al32-Zr5（原子分数,%）合金靶和 1 个 Nb 单质靶（质量分数为 99.9%）进行组合。由于靶材的质量直接影响着薄膜的质量，且大多数靶材的材料是难以进行加工处理的，因此，粉末冶金和熔炼法成为了制备靶材的普遍使用方法。相比较而言，粉末冶金的工艺更为复杂，且容易造成缩松、缩孔等缺陷，导致靶材中存留一些杂质气体；而在镀膜过程中，杂质气体会污染真空室和降低真空度，造成薄膜质量差。因此，真空熔炼制备靶材是更优的工艺选择，通过加工制备出适宜的靶材形状。

6.2 镀膜工艺参数

本实验主要在高速钢和硬质合金两种基体上进行制备（Ti, Al, Zr, Nb）N 单层膜、（Ti, Al, Nb）N/（Ti, Al, Zr, Nb）N 双层膜、NbN/（Ti, Al, Zr, Nb）N 双层膜及 TiAlZrNb/（Ti, Al, Zr, Nb）N 梯度膜。在实验过程中，由于多弧离子镀的工艺参数对镀膜结果有显著影响，因此，在准备开始进行沉积前，需对真空反应室进行抽真空，使其达到 $1.3 \times 10^{-2}Pa$ 的真空度，然后再注入高纯度的 N_2（纯度 99.99%），同时开启离子源，通过离子的溅射轰击清洁靶材 10min。靶材进行清洁后，开始沉积（Ti, Al, Zr, Nb）N 单层膜、（Ti, Al, Nb）N/（Ti, Al,

Zr，Nb）N 双层膜、NbN/（Ti，Al，Zr，Nb）N 双层膜及 TiAlZrNb/（Ti，Al，Zr，Nb）N 梯度膜。在实验过程中，将氮气的分压固定为（1.5~3.0）× 10^{-1}Pa，将基体负偏压设为-50V、-100V、-150V、-200V 四种情况，分析不同偏压下制备的薄膜力学性能，通过改变烘烤设备参数，使真空炉中的温度达到（265 ±5）℃，传动轴电压达到35V，转速达到 6~12r/min，弧电流控制在 50~80A 之间。

6.2.1　基体负偏压

就镀膜工艺而言，负偏压是一个重要的参数。随着负偏压的增大，离子的轰击能力也逐渐增大，沉积到基体表面的粒子也较多，从而使薄膜组织更致密。同时在离子轰击过程中，将一部分吸附力低的大颗粒击落，从而使膜层由较细小的原子构成，提高膜与基体的结合能力。但当负偏压过高时，将导致离子沉积至基体时的表面温度上升，从而引起基体表面软化，影响基体与膜的结合力。故选取偏压值为-50V、-100V、-150V 和-200V 作为本实验的基体负偏压。

6.2.2　气体分压

气体分压也是镀膜工艺中的重要参数之一。本实验采用 99.99% 的高纯 N_2，以高纯 Ar 作为保护气。在镀 TiN 膜的实验中，随着氮气压强的增加，显微硬度呈明显增加走势。当氮气分压为 $3×10^{-1}$Pa 时，薄膜硬度出现最大值；当氮气分压再增大时，薄膜硬度值又有所下降。故作为参考，本实验选用（1.5~3.0）× 10^{-1}Pa 作为本实验气体分压值。

6.2.3　弧电流强度

弧电流对膜层的沉积速率、附着力以及显微硬度都有显著影响。随着弧电流的增加，沉积速率也呈增长趋势，但过高的弧电流则会产生相反的作用。同样，随弧电流的增加，膜层的附着力和硬度也出现先增加后减小的趋势。故本实验选用 50~80A 作为弧电流强度。

6.2.4　本底真空度

真空反应室内注入实验气体前，自身存在的气体压强值称为本底真空度。本底真空度主要影响到薄膜的成分纯度、反应速率以及沉积速率。若真空度过小，则反应室内气体纯度低，杂质含量较多，故使薄膜混入杂质并影响其综合性能。若真空度过大，反应时形成的带电粒子自由程就相对缩短，提高反应速率，但在偏压电场内，会导致原子或离子的运动速率不同，从而影响沉积速率。本实验采用 $1.3×10^{-2}$Pa 作为本底真空度。

6.2.5 试样温度

试样的温度会影响薄膜的组织结构、薄膜过渡层以及基体和薄膜间的界面组织结构等性能。过大或过小的温度均会使薄膜和膜/基界面产生热应力，严重时会导致薄膜的脱落或开裂。因此，合适的温度是涂镀出综合性能优异薄膜的必备条件。故本实验选用的试样温度为（265±5）℃。

6.2.6 试样转速

在薄膜沉积过程中，为防止沉积出厚度和成分不均匀的薄膜，以及防止出现沉积死角现象，将试样以一定的速度进行旋转，确保薄膜均匀且组织和性能不受影响。本实验采用35V的传动轴电压，转速达到6~12r/min。

6.2.7 沉积时间

沉积时间的长短主要影响薄膜的厚度。若沉积时间较短，则薄膜厚度较小；若沉积时间过长，薄膜达到一定的厚度值后，也会因为出现反溅射，从而导致薄膜厚度减小。

对于（Ti，Al，Zr，Nb）N单层膜，启动靶材沉积（Ti，Al，Zr，Nb）N膜50min；对于（Ti，Al，Nb）N/（Ti，Al，Zr，Nb）N双层膜，启动靶材并首先沉积（Ti，Al，Nb）N中间层30min，然后沉积（Ti，Al，Zr，Nb）N表层20min；对于NbN/（Ti，Al，Zr，Nb）N双层膜，启动靶材并首先沉积NbN中间层40min，然后沉积（Ti，Al，Zr，Nb）N表层20min；对于TiAlZrNb/（Ti，Al，Zr，Nb）N梯度膜，启动靶材并首先沉积TiAlZrNb合金中间层5min，然后沉积（Ti，Al，Zr，Nb）N表层40min。

6.3 薄膜表征方法

利用JSM-7001F型场发射扫描电镜（SEM）附带的能谱仪（EDS）进行膜层的成分线分析；采用X'Pert Pro MPD-PW 3040/60型衍射仪（XRD，CuKα）检测Ti-Al-Zr-Nb-N复合膜的晶体结构；采用HXD-1000 TMB/LCD显微硬度计检测复合膜的硬度，对于硬度检测而言，试验力的选择十分重要，考虑到膜片的厚度和预测膜片的硬度值，选定加载载荷为10g，加载时间为20s，检测结果可认定为薄膜的本征硬度；采用WS-2005声发射划痕仪检测薄膜与基体之间的结合力，最大加载载荷达到200N，加载速率为100N/min，划痕速率为2mm/min；采用HT-500型摩擦磨损试验机分析复合膜在室温15℃条件下的摩擦系数曲线，摩擦形式为球-盘式圆周摩擦，摩擦副主轴转速为560r/min，摩擦半径为2.5mm，对摩材料为直径 3mm 的 Si_3N_4 陶瓷球，频率为 10Hz，加载载荷为 10N，加载时间为 10min。

6.3.1   薄膜成分分析

采用扫描电镜附带的能谱仪进行薄膜表面成分分析，每种薄膜的成分结果取 10 次以上测量的平均值。

6.3.2   薄膜相结构分析

薄膜的相结构由 X 射线衍射仪确定，并用 Scherrer 公式计算其晶粒尺寸。衍射仪阳极材料有 Cu 和 Co，主要技术指标为超高频电压，发生器高压稳定度为 0.005%，转动方式为 θ/θ，角度重现性为 ±0.0001°，聚焦光路用于块材料，平行光路用于表面相分析。

本书实验中测试采用 Cu 靶的 Kα 射线的连续扫描，镀膜试样扫描角度为 30°~90°，步长为 0.033°，电压为 40kV，电流为 40mA。

6.3.3   薄膜硬度测试

利用显微维氏硬度计测定膜/基复合体的显微硬度（例如加载载荷为 25g）；或者测定薄膜的本征硬度（例如加载载荷为 10g）。

对于氮化物复合硬质膜的测试而言，载荷的选择非常重要。较大的载荷（例如 25g、50g 等）会因为压头前端的变形区扩散到基体，使得测量值是薄膜和基体复合作用的结果，进而导致硬度值偏低；而较小的载荷（例如 5g）则会因为薄膜表面的粗糙度引起测量结果的失真和分散，因此考虑到薄膜的厚度和预测的薄膜硬度值，测量薄膜的本征硬度时，设定加载载荷为 10g。显微硬度计自动对试样加载后卸载，在薄膜表面会留下一定大小的扁长菱形压痕，量出菱形较长的对角线长度，仪器自动读取显微硬度数值。每个试样的硬度结果是取 10 次以上测量的平均值。

6.3.4   膜/基结合力测试

在目前评价薄膜与基体之间结合力的方法中，普遍认为划痕实验法尤其是使用声发射划痕仪是一种有效的评价手段。该装置运用声发射检测技术、摩擦力检测技术及微机自控技术，通过自动加载机构将负荷连续加至金刚石压头的划针上，同时移动试样，使划针划过薄膜表面，通过各个传感器来获取划痕时的声发射信号、载荷的变化量和摩擦力的变化量。当划针将薄膜突然划破甚至划落时，摩擦力将发生较大变化，摩擦力曲线由此也发生变化而产生拐点，同时设备会发出微弱的声信号，此时得到的载荷即为薄膜的临界载荷，用此来表示膜/基结合力。实验时每个试样做 3 次划痕实验，以其平均值作为实验结果。

6.3.5 薄膜耐磨性能

薄膜的耐磨性能是与薄膜的硬度和膜/基结合力都密切相关的力学性能，只有其硬度和结合力的综合性能较高时，才可能具有较好的耐磨性。薄膜的耐磨性一般考虑其磨损量和摩擦系数两个参量：磨损量是用单位时间内薄膜磨损的质量来表示，本实验的薄膜硬度较高且厚度较薄，因此实际测量的磨损量会有很大的偏差，其意义不大；选择摩擦系数作为耐磨性的参量，比较方便测量，其精度也相对较高，但是摩擦系数不能完全代表薄膜的磨损量。因此，本书实验采用摩擦系数和磨损形貌破损趋势的同步分析方法来鉴定薄膜的耐磨性能。

采用摩擦磨损试验机进行摩擦磨损实验。该设备是通过恒温摩擦磨损实验，直接给出了设定温度下薄膜的摩擦系数值及其变化趋势，进而来检测薄膜的耐磨损性能。它将高温炉内试样的温度加热到所需的温度值，通过加载机构加上实验所需的载荷后，由主动电机驱动试样转动，与不转动对偶面（球或栓）进行滑动摩擦。试验仪器的摩擦系数最大设定值为1，当薄膜的即时摩擦系数超过设定值时，仪器自动停止摩擦磨损实验，此时视为薄膜已经破裂或剥离。在进行摩擦磨损实验前，按照角速度相同的原则，分别设定电机频率为10Hz和摩擦半径为2.5mm，然后根据输入的电机频率值转化成实验的转速值公式：转速(r/min) = 56 × 频率(Hz)，计算出摩擦副主轴转速为560r/min（参照刀具在实际机加工时的转速而定）。对偶材料是直径为3mm的氮化硅陶瓷球，加载载荷为970g，加载时间为10min，摩擦系数范围为0.001~2.00，显示精度为0.2%FS。同时，使用场发射扫描电镜同步观察具有典型破坏特征的磨损表面形貌。

6.4 本章小结

本章制定了膜片基体上薄膜的制备工艺参数与研究方法，介绍了实验研究中所用到的设备、仪器、基体与薄膜材料的选择、镀膜工艺及薄膜表征方法等。

采用沈阳真空技术研究所的 MAD-4B 型真空多弧离子镀设备，选用 W18Cr4V 高速钢和 WC-8%Co 硬质合金两种材料的膜片基体，设计加工工艺并制备出两种材料膜片基体，检测其硬度分别为 $750HV_{0.025}$ 和 $1160HV_{0.025}$。同时，采用 2 个 Ti63-Al32-Zr5（相对原子质量,%）合金靶和 1 个 Nb 单质靶（质量分数为 99.9%）进行组合，在高速钢和硬质合金两种基体上制备 (Ti, Al, Zr, Nb)N 单层膜、(Ti, Al, Nb)N/(Ti, Al, Zr, Nb)N 双层膜、NbN/(Ti, Al, Zr, Nb)N 双层膜及 TiAlZrNb/(Ti, Al, Zr, Nb)N 梯度膜。

利用 JSM-7001F 型场发射扫描电镜（SEM）附带的能谱仪（EDS）进行膜层的成分线分析；采用 X'Pert Pro MPD-PW 3040/60 型衍射仪（XRD, CuKα）检测 Ti-Al-Zr-Nb-N 复合膜的晶体结构；采用 HXD-1000 TMB/LCD 显微硬度计检测薄膜的硬度；采用 WS-2005 声发射划痕仪检测薄膜与基体之间的结合力；采用 HT-500 型摩擦磨损试验机分析薄膜的摩擦系数曲线，并使用场发射扫描电镜同步分析磨损表面形貌。

7　膜片镀(Ti, Al, Zr, Nb)N单层膜

7.1　(Ti, Al, Zr, Nb)N单层膜制备工艺

对于在膜片基体上继续涂镀 Ti-Al-Zr-Nb-N 硬质膜的多弧离子镀工艺，影响薄膜质量的主要工艺参数是偏压和氮气分压。

(Ti, Al, Zr, Nb)N 单层膜的沉积工艺中固定了氮气分压，并设置了四种沉积偏压以观察其对薄膜的影响。当真空室的本底真空度达到 1.3×10^{-2} Pa，通入氮气至其分压为 $(2.5 \sim 3.0) \times 10^{-1}$ Pa 时开启离子源，对待镀试样表面进行离子溅射清洗，轰击偏压为 -350V。为了稳定阴极靶的弧源放电过程，采用外加磁场控制阴极斑运动的方法。在制备 (Ti, Al, Zr, Nb)N 单层膜时，氮气分压保持为 $(2.5 \sim 3.0) \times 10^{-1}$ Pa，沉积偏压分别控制为 -50V，-100V，-150V 和 -200V，Ti-Al-Zr 靶和 Nb 靶的弧电流分别为 70A 和 40A，通过调整烘烤电流使真空室内的温度保持在 $260 \sim 270$℃，传动轴电压为 35V。(Ti, Al, Zr, Nb)N 膜制备完毕后，试样在炉中的真空条件下逐渐冷却。

(Ti, Al, Zr, Nb)N 单层膜制备工艺流程为：试样镀膜前的检查→试样表面的水磨砂纸逐级打磨→试样表面的抛光→丙酮超声波清洗二次→乙醇超声波清洗二次→烘干→装炉→真空室抽至高真空→离子轰击清洗 10min→沉积 (Ti, Al, Zr, Nb)N 膜 50min→真空冷却→出炉，如图 7.1 所示。(Ti, Al, Zr, Nb)N 单层膜的具体制备工艺参数见表 7.1。

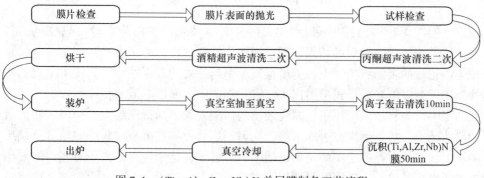

图 7.1　(Ti, Al, Zr, Nb)N 单层膜制备工艺流程

表7.1 (Ti, Al, Zr, Nb)N 单层膜的制备工艺参数

沉积过程	通入气体	气体分压①/10⁻¹Pa	偏压/V	TiAlZr 靶的弧电流/A	Nb 靶的弧电流/A	沉积温度/℃	传动轴电压/V	沉积时间/min
离子轰击	N₂	1.5~3.0	−350	80	30	220~260	35	10
沉积(Ti, Al, Zr, Nb)N 膜	N₂	1.5~3.0	−50, −100, −150 和−200	80	30	260~270	35	50

①真空炉的本底真空度为 1.3×10^{-2} Pa。

7.2 (Ti, Al, Zr, Nb)N 单层膜形貌

7.2.1 (Ti, Al, Zr, Nb)N 单层膜表面形貌

在 W18Cr4V 高速钢和 WC-8%Co 硬质合金基体上沉积 (Ti, Al, Zr, Nb)N 单层膜的表面形貌, 如图 7.2~图 7.13 所示。

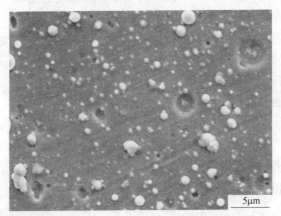

图 7.2 W18Cr4V 基体上 (Ti, Al, Zr, Nb)N 膜的表面形貌 3000×示例 1

从图 7.2~图 7.13 中可以看出, 两种基体薄膜的表面均有较多白亮色的颗粒, 这是金属微滴喷射的结果, 即液滴污染现象。在多弧离子镀过程中, 电弧弧斑轰击靶材的表面, 由于电弧温度很高, 引起靶材的表面熔化, 其中未电离的中性原子就会以液滴的形式喷射出来, 沉积到薄膜表面形成液滴污染现象。它们的尺寸很不均匀, 增大偏压可以减轻液滴的污染现象, 即偏压越大, 薄膜表面的液滴尺寸越小、数量越少, 表面形貌越均匀。这是由于在沉积过程中, 随着负偏压的增大, 基体对等离子体中正离子的吸引力增强, 这样使得正离子对基体的平均轰击能提高。另外, 液滴是靠惯性飞溅到薄膜上的, 所以它与薄膜的结合比较疏松, 它的周围会出现一低密度区域, 有时还会出现缝隙。当薄膜生长过程中产生

的残余压应力过大时，就会导致液滴剥落，形成微孔。偏压提高，微孔数量增多，产生这一现象的原因与高偏压下的反溅射效应有关。

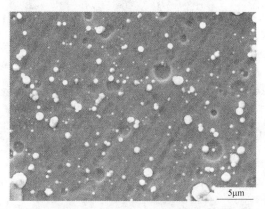

图 7.3 W18Cr4V 基体上 (Ti，Al，Zr，Nb)N 膜的表面形貌 3000×示例 2

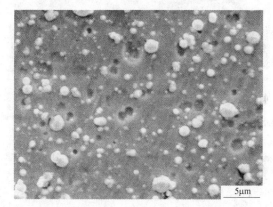

图 7.4 W18Cr4V 基体上 (Ti，Al，Zr，Nb)N 膜的表面形貌 3000×示例 3

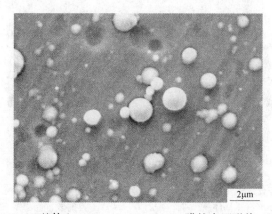

图 7.5 W18Cr4V 基体上 (Ti，Al，Zr，Nb)N 膜的表面形貌 6000×示例 4

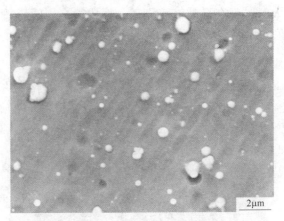

图 7.6 W18Cr4V 基体上 (Ti，Al，Zr，Nb)N 膜的表面形貌 6000×示例 5

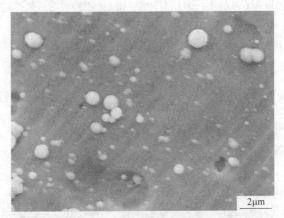

图 7.7 W18Cr4V 基体上 (Ti，Al，Zr，Nb)N 膜的表面形貌 6000×示例 6

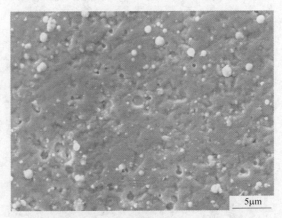

图 7.8 WC-8%Co 基体上 (Ti，Al，Zr，Nb)N 膜的表面形貌 3000×示例 1

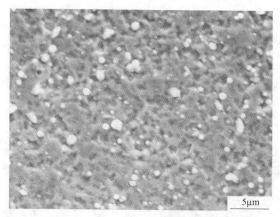

图 7.9 WC-8%Co 基体上（Ti，Al，Zr，Nb）N 膜的表面形貌 3000×示例 2

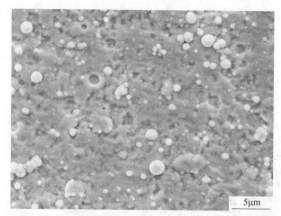

图 7.10 WC-8%Co 基体上（Ti，Al，Zr，Nb）N 膜的表面形貌 3000×示例 3

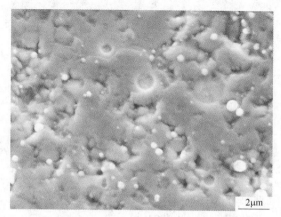

图 7.11 WC-8%Co 基体上（Ti，Al，Zr，Nb）N 膜的表面形貌 6000×示例 4

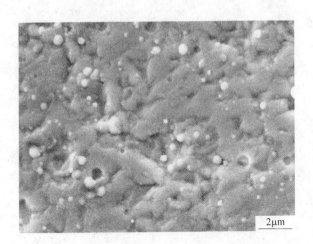

图 7.12 WC-8%Co 基体上（Ti，Al，Zr，Nb）N
膜的表面形貌 6000×示例 5

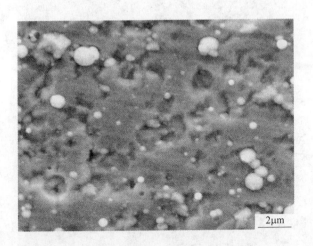

图 7.13 WC-8%Co 基体上（Ti，Al，Zr，Nb）N
膜的表面形貌 6000 ×示例 6

7.2.2 （Ti，Al，Zr，Nb）N 单层膜断口形貌

在 W18Cr4V 高速钢和 WC-8%Co 硬质合金基体上沉积（Ti，Al，Zr，Nb）N
单层膜的断口形貌，如图 7.14～图 7.21 所示。

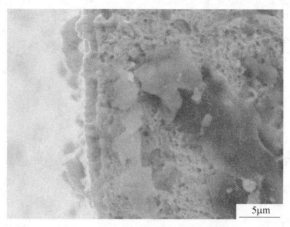

图 7.14 W18Cr4V 基体上 （Ti，Al，Zr，Nb）N 膜的断口形貌 3000 ×示例 1

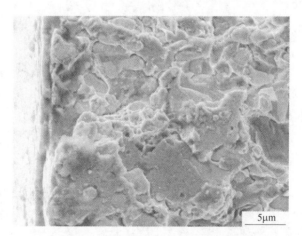

图 7.15 W18Cr4V 基体上 （Ti，Al，Zr，Nb）N 膜的断口形貌 3000 ×示例 2

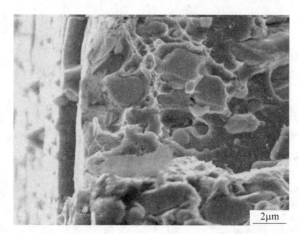

图 7.16 W18Cr4V 基体上 （Ti，Al，Zr，Nb）N 膜的断口形貌 6000 ×示例 3

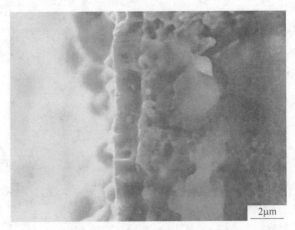

图 7.17 W18Cr4V 基体上（Ti，Al，Zr，Nb)N 膜的断口形貌 6000 ×示例 4

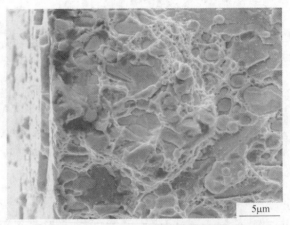

图 7.18 WC-8%Co 基体上（Ti，Al，Zr，Nb)N 膜的断口形貌 3000 ×示例 1

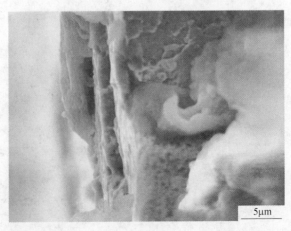

图 7.19 WC-8%Co 基体上（Ti，Al，Zr，Nb)N 膜的断口形貌 3000 ×示例 2

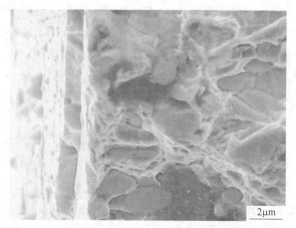

图 7.20　WC-8%Co 基体上 （Ti，Al，Zr，Nb)N 膜的断口形貌　6000 ×示例 3

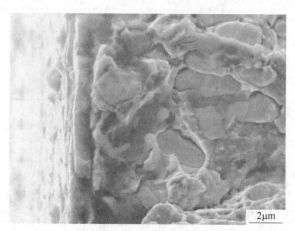

图 7.21　WC-8%Co 基体上 （Ti，Al，Zr，Nb)N 膜的断口形貌　6000 ×示例 4

从 7.14~图 7.21 中可以看出，薄膜与基体结合得很紧密，组织非常致密均匀，无明显的微裂纹、针孔和分层等缺陷。薄膜具有从基体到表面垂直生长的柱状晶组织，大多数柱状晶贯穿了整个薄膜的厚度范围。薄膜的晶粒边界平整致密，而且晶粒沿晶界有轻微的延伸，产生了"钉扎"效应，这增加了膜/基之间的界面结合力。每个薄膜的厚度都比较均匀，偏压升高可以使薄膜的致密度有所提高，这在一定程度上降低了薄膜的沉积速率。

7.3　（Ti，Al，Zr，Nb)N 单层膜成分

高速钢和硬质合金膜片基体上沉积的 （Ti，Al，Zr，Nb)N 单层膜的成分见

表 7.2 和表 7.3。从表中可以看出，在-50~-200V 偏压下薄膜的成分变化均不明显。而且在所有情况下，N 摩尔分数与 Ti、Al、Zr 和 Nb 摩尔分数之和的比值均约为 1:1，基本符合化学计量比，其化学式可近似表示为 (Ti, Al, Zr, Nb)N。而且在薄膜成分中，高速钢膜片基体的 (Al+Zr+Nb)/(Ti+Al+Zr+Nb) 比值为 0.47~0.50，而硬质合金膜片基体的 (Al+Zr+Nb)/(Ti+Al+Zr+Nb) 比值为 0.41~0.43。本书实验证明，作为 W18Cr4V 膜片基体上 (Ti, Al, Zr, Nb)N 单层膜，(Al+Zr+Nb)/(Ti+Al+Zr+Nb) 比值约为 0.47 时薄膜可以获得最高的硬度；而作为 WC-8%Co 膜片基体上 (Ti, Al, Zr, Nb)N 单层膜，此摩尔比值约为 0.41 时薄膜可以获得最高的硬度。

表 7.2　W18Cr4V 膜片基体上 (Ti, Al, Zr, Nb)N 膜的成分

偏压 /V	成分 (摩尔分数)/%					
	Ti	Al	Zr	Nb	N	(Al+Zr+Nb)/(Ti+Al+Zr+Nb)
-50	24.6	11.8	1.3	11.1	51.2	0.50
-100	27.1	12.4	1.7	9.7	49.1	0.47
-150	27.4	12.2	1.5	10.3	48.6	0.47
-200	27.5	11.8	1.5	10.9	48.3	0.47

表 7.3　WC-8%Co 膜片基体上 (Ti, Al, Zr, Nb)N 膜的成分

偏压 /V	成分 (摩尔分数)/%					
	Ti	Al	Zr	Nb	N	(Al+Zr+Nb)/(Ti+Al+Zr+Nb)
-50	26.8	11.5	1.4	7.4	52.9	0.43
-100	28.8	10.8	1.2	9.6	49.6	0.43
-150	29.5	10.3	1.4	9.4	49.4	0.42
-200	30.2	9.8	1.6	9.5	48.9	0.41

7.4　(Ti, Al, Zr, Nb)N 单层膜相结构

不同的偏压条件下，在高速钢和硬质合金膜片基体上涂镀 (Ti, Al, Zr, Nb)N 膜后的 XRD 图谱，如图 7.22 和图 7.23 所示。根据李明升等人的报道，当 $Ti_{1-x}Al_xN$ 中 $0 \leqslant x \leqslant 0.5$ 时，Al 可少部分替代 TiN 晶格中 Ti 的位置，薄膜点阵仍是 TiN 的面心立方结构；同时，由于薄膜中 Zr 和 Nb 的含量较低，Zr 和 Nb 原子仍是以置换 Ti 原子的方式存在于 TiN 的晶体结构中，最终生成一种 TiN 型结构，即 NaCl 型晶体结构的 (Ti, Al, Zr, Nb)N 氮化物复合膜。

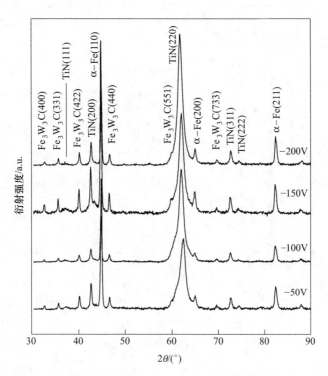

图 7.22　W18Cr4V 膜片基体上（Ti，Al，Zr，Nb)N 膜的 XRD 图谱

去除高速钢和硬质合金膜片基体相的 XRD 峰后，新增加的谱线与标准 X 射线卡片上 TiN 的峰位一致。硬质合金膜片基体镀膜后，新增加的谱线主要是 TiN 的（111）峰和（200）峰，同时出现强度较低的（220）峰、（311）峰和（222）峰。高速钢膜片基体镀膜后，新增加谱线的强峰由 TiN（111）转向 TiN（220），而（111）峰、（200）峰、（311）峰和（222）峰相对较弱。而且，随着偏压的增大，两种膜片基体镀膜后的 TiN（220）衍射峰均开始发生小角度的偏移，这说明薄膜发生了一定的晶格畸变。

由各种物理气相沉积方法制备的 TiN 膜，基本上都呈现为 TiN（111）强峰，而在本书实验中，高速钢膜片基体的薄膜强峰转向 TiN（220），这是由于在 3 个靶材的工作状态下，高速钢表面的温度升高相对很快，原子活性较大，促进了原子的扩散，而使某些晶面呈现出择优生长的缘故。

硬质合金膜片基体上（Ti，Al，Zr，Nb)N 膜的晶格常数 $a = 0.432\,\text{nm}$，与高速钢膜片基体上（Ti，Al，Zr，Nb)N 膜的晶格常数 $a = 0.424\,\text{nm}$（TiN 标准晶格常数 $a = 0.424\,\text{nm}$）相比，增大约 2.4%，这说明硬质合金膜片基体的薄膜内存在明显的宏观残余应力。

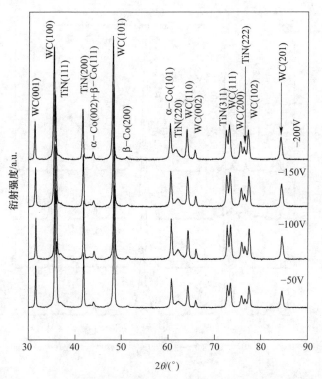

图7.23 WC-8%Co膜片基体上 (Ti, Al, Zr, Nb)N膜的XRD图谱

7.5 (Ti, Al, Zr, Nb)N单层膜硬度

利用HXD-1000 TMB/LCD显微硬度计测定薄膜的显微硬度时，加载载荷为10g。由于加载载荷较小，可以认定其测量值是薄膜的本征硬度，而非膜/基复合体的综合硬度。在不同的偏压条件下，在高速钢和硬质合金膜片基体上沉积的(Ti, Al, Zr, Nb)N膜的本征显微硬度见表7.4。

表7.4 不同偏压下沉积 (Ti, Al, Zr, Nb)N膜的显微硬度

偏压/V	显微硬度 HV$_{0.01}$[1]	
	W18Cr4V 膜片基体	WC-8%Co 膜片基体
−50	2820 ± 100	2880±100
−100	3010 ± 100	3280 ± 100
−150	3050 ± 100	3360 ± 100
−200	3100 ± 100	3450 ± 100

[1] W18Cr4V 和 WC-8%Co 膜片基体的显微硬度分别为 650~800HV$_{0.01}$ 和 1400~1500HV$_{0.01}$。

与 TiN（$2200HV_{0.01}$）和（Ti，Al）N（$2500HV_{0.01}$）薄膜相比，（Ti，Al，Zr，Nb)N 薄膜具有更高的硬度，最高值可达到 $3550HV_{0.01}$ 左右，这种现象与固溶强化有关。由于 Al、Zr 和 Nb 是以置换的方式存在于复合薄膜的点阵中，它们与 Ti 的原子半径存在明显的差异。随着这些元素在 TiN 晶体中固溶含量的增加，会使得其晶格局部发生畸变，从而产生晶格应力，而薄膜硬度的提高主要归功于这种晶格畸变。同时，硬质合金膜片基体明显高于高速钢膜片基体上膜的晶格常数，这将导致硬质合金膜片基体高于高速钢膜片基体的薄膜硬度。同时，与 TiN 和（Ti，Al)N 薄膜相比，晶粒明显细化，而晶粒细化也可导致薄膜的显微硬度提高。

薄膜的显微硬度随偏压的升高而增大，这是由于薄膜硬度一般与其沉积的工艺参数和薄膜的结构密切相关。在较大偏压时，金属离子在电场中获得更高的能量，从而使薄膜表面产生更强的离子轰击。离子轰击可提高原子的活性，促进扩散，从而使薄膜的缺陷减少，薄膜的结构更加致密，这些效应会促进薄膜显微硬度的提高。同时对于 W18Cr4V 膜片基体，当薄膜的（Al+Zr+Nb)/(Ti+Al+Zr+Nb）原子比值约为 0.47 时，可以获得更高的显微硬度；对于 WC-8%Co 膜片基体，当薄膜的（Al+Zr+Nb)/(Ti+Al+Zr+Nb）原子比值约为 0.41 时，可以获得更高的显微硬度。F. Charles 等人认为，偏压升高时，膜/基复合体硬度的增加是薄膜硬度和膜片基体硬度共同作用的结果，其提高的程度与膜片基体的偏压、膜片基体的材质和薄膜的成分有关。

7.6 （Ti，Al，Zr，Nb)N 单层膜/基结合力

在不同的工艺下，（Ti，Al，Zr，Nb)N 膜与高速钢和硬质合金膜片基体之间都有较好的界面结合力，其测定结果见表 7.5。由于在沉积薄膜前，对高速钢和硬质合金两种膜片基体进行了高偏压下的离子轰击清洗，高离化率是多弧离子镀技术最主要的特征之一，因此这种强烈的离子轰击能将有助于提高薄膜和膜片基体之间的界面结合力。而且，采用多弧离子镀技术获得的（Ti，Al，Zr，Nb)N 膜与膜片基体之间形成了均匀平整的接触界面，它有利于提高薄膜与膜片基体间的结合力。从表 7.5 可以看出，当偏压从-50V 提高到-100V 以上时，薄膜与两种膜片基体之间的结合力都明显增加。这是因为当偏压增大时，高能离子对膜片基体表面的轰击作用可以增加表面离子的活性，获得界面冶金结合，并促进伪扩散型过渡区的形成与宽化，进而改善膜/基的结合性能。因此，在镀膜工艺中应适当控制偏压的大小，以获得较高的膜/基结合力。

薄膜与硬质合金膜片基体间的结合力稍高于与高速钢膜片基体间的结合力，其原因是膜片基体硬度越高，它对薄膜的支撑作用越强，所施加的金属键合力越大，塑性变形抗力越强，结合力就越好。

表 7.5　不同偏压下沉积的（Ti，Al，Zr，Nb)N膜与膜片基体间的界面结合力

偏压/V	结合力/N	
	W18Cr4V 膜片基体	WC-8%Co 膜片基体
−50	130~140	130~140
−100	150~160	170~180
−150	150~160	180~190
−200	150~160	180~190

7.7　(Ti，Al，Zr，Nb)N 单层膜耐磨性

7.7.1　(Ti，Al，Zr，Nb)N 单层膜摩擦系数

不同偏压下在高速钢和硬质合金膜片基体上沉积的（Ti，Al，Zr，Nb)N膜，在常温约 15℃ 环境下，其摩擦系数随磨损时间将发生明显的变化。

在薄膜摩擦磨损的过程中，有的直接进入了稳定磨损阶段，而有的则要经过磨合磨损阶段才能进入稳定磨损阶段，而且薄膜并没有出现剧烈的磨损阶段。在磨合阶段，薄膜的摩擦系数较低。随着磨损的进行，摩擦系数急剧增加，这与薄膜表面的液滴污染缺陷密切相关。（Ti，Al，Zr，Nb)N膜的平均常温摩擦系数约在 0.3~0.5 之间，随着沉积偏压的增加，其摩擦系数有所减小且波动减少。与高速钢膜片基体上的薄膜相比，硬质合金膜片基体上薄膜的摩擦系数略低。这是由于在 970g 较小的摩擦载荷条件下，薄膜的显微硬度和膜/基结合力对其耐磨性起到了主导的作用。当薄膜的硬度和膜/基结合力稍低时，如−50V 和−100V 的沉积偏压下，薄膜在摩擦力的作用下产生了大量的划痕沟槽、裂纹和剥落坑，这使得薄膜的表面粗糙度增加。同时，剥落的薄膜成为磨料加剧了薄膜表面的损伤，增大了其摩擦系数，而且其波动也较大。因此，薄膜较好的显微硬度和膜/基结合力提高了薄膜的抗磨粒磨损性能。

表 7.6 是在偏压为−50V、−100V、−150V、−200V 时，W18Cr4V 高速钢和WC-8%Co 硬质合金膜片基体上镀的（Ti，Al，Zr，Nb)N薄膜在 15℃ 条件下的摩擦系数值。根据表中数据可知，常温下，W18Cr4V 高速钢膜片基体上（Ti，Al，Zr，Nb)N薄膜的摩擦系数处于 0.35~0.50 之间；WC-8%Co 硬质合金膜片基体上（Ti，Al，Zr，Nb)N薄膜的摩擦系数处于 0.30~0.50 之间。

表 7.6　不同膜片基体上 (Ti，Al，Zr，Nb)N 膜的摩擦系数值

膜片基体	摩擦系数值
W18Cr4V	0.35~0.50
WC-8%Co	0.30~0.50

7.7.2　(Ti，Al，Zr，Nb)N 单层膜磨损形貌

在 W18Cr4V 高速钢和 WC-8%Co 硬质合金基体上沉积（Ti，Al，Zr，Nb)N 单层膜的磨损形貌，如图 7.24~图 7.55 所示。

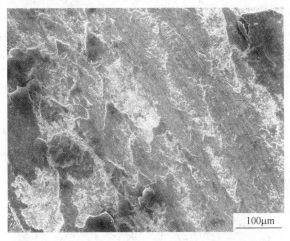

图 7.24　W18Cr4V 基体上 (Ti，Al，Zr，Nb)N 膜的磨损形貌　200×示例 1

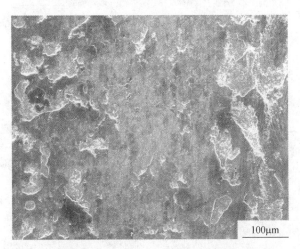

图 7.25　W18Cr4V 基体上 (Ti，Al，Zr，Nb)N 膜的磨损形貌　200×示例 2

图 7.26 W18Cr4V 基体上 (Ti, Al, Zr, Nb)N 膜的磨损形貌 200×示例 3

图 7.27 W18Cr4V 基体上 (Ti, Al, Zr, Nb)N 膜的磨损形貌 200×示例 4

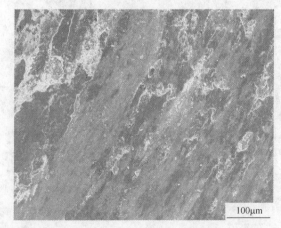

图 7.28 W18Cr4V 基体上 (Ti, Al, Zr, Nb)N 膜的磨损形貌 200×示例 5

图 7.29　W18Cr4V 基体上（Ti，Al，Zr，Nb)N 膜的磨损形貌　200×示例 6

图 7.30　WC-8%Co 基体上（Ti，Al，Zr，Nb)N 膜的磨损形貌　200×示例 1

图 7.31　WC-8%Co 基体上（Ti，Al，Zr，Nb)N 膜的磨损形貌　200×示例 2

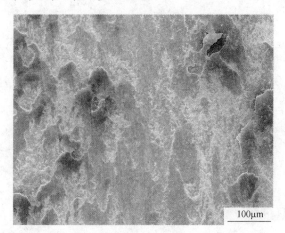

图 7.32　WC-8%Co 基体上（Ti，Al，Zr，Nb)N 膜的磨损形貌　200×示例 3

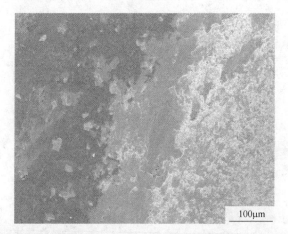

图 7.33　WC-8%Co 基体上（Ti，Al，Zr，Nb)N 膜的磨损形貌　200×示例 4

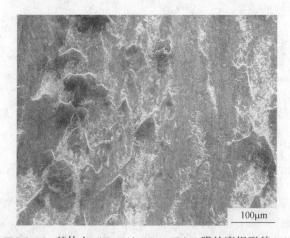

图 7.34　WC-8%Co 基体上（Ti，Al，Zr，Nb)N 膜的磨损形貌　200×示例 5

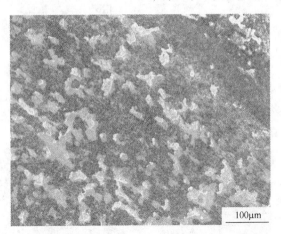

图 7.35　WC-8%Co 基体上（Ti，Al，Zr，Nb）N 膜的磨损形貌　200×示例 6

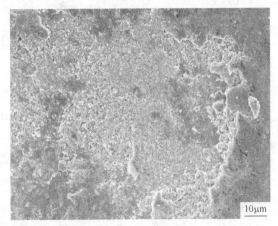

图 7.36　W18Cr4V 基体上（Ti，Al，Zr，Nb）N 膜的磨损形貌　1000×示例 1

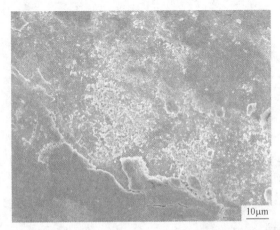

图 7.37　W18Cr4V 基体上（Ti，Al，Zr，Nb）N 膜的磨损形貌　1000×示例 2

图 7.38　W18Cr4V 基体上（Ti，Al，Zr，Nb)N 膜的磨损形貌　1000×示例 3

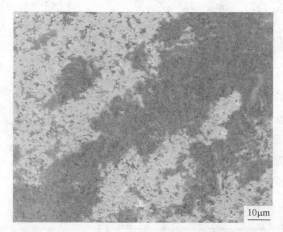

图 7.39　W18Cr4V 基体上（Ti，Al，Zr，Nb)N 膜的磨损形貌　1000×示例 4

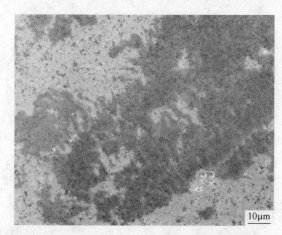

图 7.40　W18Cr4V 基体上（Ti，Al，Zr，Nb)N 膜的磨损形貌　1000×示例 5

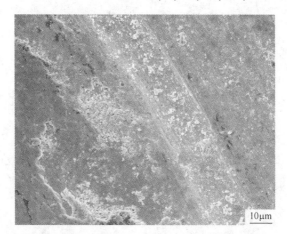

图 7.41　W18Cr4V 基体上（Ti，Al，Zr，Nb）N 膜的磨损形貌　1000×示例 6

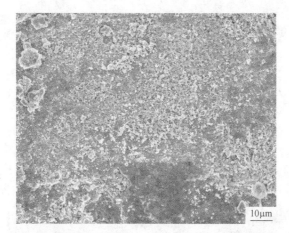

图 7.42　W18Cr4V 基体上（Ti，Al，Zr，Nb）N 膜的磨损形貌　1000×示例 7

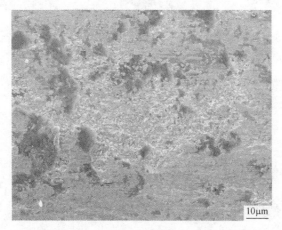

图 7.43　W18Cr4V 基体上（Ti，Al，Zr，Nb）N 膜的磨损形貌　1000×示例 8

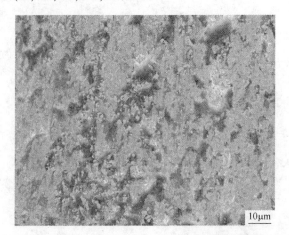

图 7.44   W18Cr4V 基体上 (Ti，Al，Zr，Nb)N 膜的磨损形貌   1000×示例 9

图 7.45   W18Cr4V 基体上 (Ti，Al，Zr，Nb)N 膜的磨损形貌   1000×示例 10

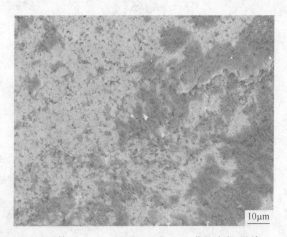

图 7.46   W18Cr4V 基体上 (Ti，Al，Zr，Nb)N 膜的磨损形貌   1000×示例 11

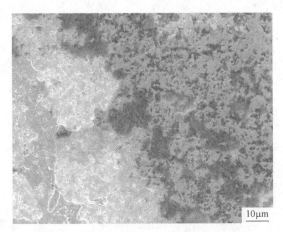

图 7.47 WC-8%Co 基体上（Ti，Al，Zr，Nb)N 膜的磨损形貌 1000×示例 1

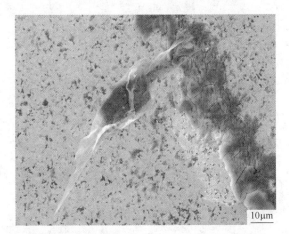

图 7.48 WC-8%Co 基体上（Ti，Al，Zr，Nb)N 膜的磨损形貌 1000×示例 2

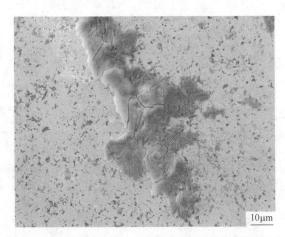

图 7.49 WC-8%Co 基体上（Ti，Al，Zr，Nb)N 膜的磨损形貌 1000×示例 3

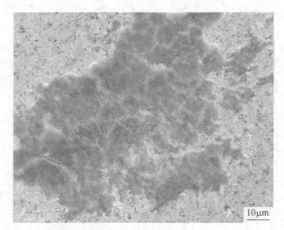

图 7.50　WC-8%Co 基体上（Ti, Al, Zr, Nb)N 膜的磨损形貌　1000×示例 4

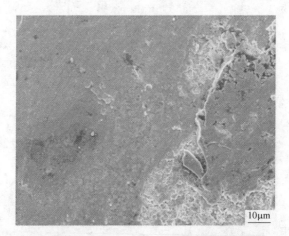

图 7.51　WC-8%Co 基体上（Ti, Al, Zr, Nb)N 膜的磨损形貌　1000×示例 5

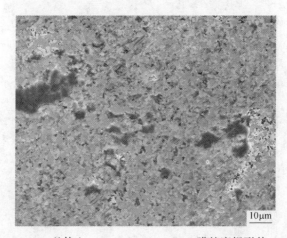

图 7.52　WC-8%Co 基体上（Ti, Al, Zr, Nb)N 膜的磨损形貌　1000×示例 6

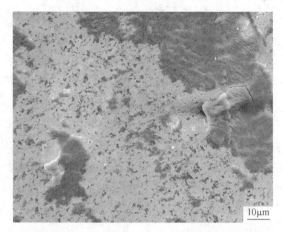

图 7.53　WC-8%Co 基体上（Ti，Al，Zr，Nb)N 膜的磨损形貌　1000×示例 7

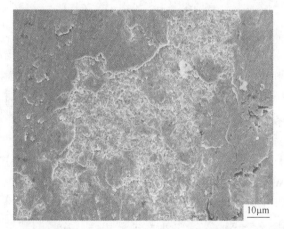

图 7.54　WC-8%Co 基体上（Ti，Al，Zr，Nb)N 膜的磨损形貌　1000×示例 8

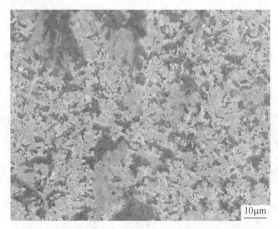

图 7.55　WC-8%Co 基体上（Ti，Al，Zr，Nb)N 膜的磨损形貌　1000×示例 9

评估耐磨性的优劣还可以依据磨损面积作为参量，即破损面积越小时，其耐磨性就越好。

(Ti, Al, Zr, Nb)N 单层膜表面存在着沿摩擦方向的摩擦沟槽痕迹、裂纹和不规则的剥落坑。这是由于硬度很高的 (Ti, Al, Zr, Nb)N 单层膜与硬质磨球 SiN 接触摩擦时，产生的摩擦力会导致薄膜产生的碎片被推挤黏附在沟槽附近，呈现严重的黏着和擦伤迹象。部分犁沟周围的材料隆起，产生了比较明显的塑性变形。由于表面反复的塑性变形，将出现接触疲劳裂纹。局部碎片剥落出现了剥落坑，剥落的碎片在后续的磨损过程中充当了磨粒的作用，在高速转动下产生了连续的机械摩擦力，从而在表面产生了犁削。因此，(Ti, Al, Zr, Nb)N 单层膜的磨损机理应该是以发生塑性变形为特征的黏着磨损，并伴有脆性剥落的磨粒磨损。

7.8　本章小结

(1) 利用多弧离子镀技术，使用 Ti-Al-Zr 合金靶和 Nb 靶的组合方式，在 W18Cr4V 高速钢和 WC-8%Co 硬质合金两种膜片基体上成功地制备出具有 TiN 型面心立方结构的 (Ti, Al, Zr, Nb)N 多元单层氮化物膜。沉积偏压控制在 $-100 \sim -200V$ 之间，可以获得稳定的成分及更高的硬度、界面结合和耐磨损性能。

(2) (Ti, Al, Zr, Nb)N 膜的 (Al+Zr+Nb)/(Ti+Al+Zr+Nb) 摩尔比值分别在 $0.47 \sim 0.50$（W18Cr4V 膜片基体）和 $0.41 \sim 0.43$（WC-8%Co 膜片基体）之间，当其摩尔比值分别约为 0.47 和 0.41 时，薄膜可以获得更高的硬度。

(3) (Ti, Al, Zr, Nb)N 多组元氮化物膜具有较高的硬度，W18Cr4V 膜片基体上的薄膜最高值可达到 $3200HV_{0.01}$；而 WC-8%Co 膜片基体上的薄膜最高值可达到 $3550HV_{0.01}$。

(4) (Ti, Al, Zr, Nb)N 多组元氮化物膜具有较高的膜/基结合力，W18Cr4V 膜片基体上的膜/基结合力最高值可达到 160N；而 WC-8%Co 膜片基体上的薄膜最高值可达到 190N。

(5) W18Cr4V 膜片基体上的 (Ti, Al, Zr, Nb)N 膜磨损时的平均摩擦系数在 $0.35 \sim 0.50$ 之间，而 WC-8%Co 硬质合金基体上的 (Ti, Al, Zr, Nb)N 膜磨损时的平均摩擦系数在 $0.30 \sim 0.50$ 之间。其摩擦磨损均为以发生塑性变形为特征的黏着磨损，并伴有轻微的磨粒磨损。随着沉积偏压的增加，其耐磨损性能有所提高，而且 WC-8%Co 膜片基体薄膜略优于 W18Cr4V 膜片基体上薄膜的耐磨损性能。

8 膜片镀 (Ti，Al，Nb) N/ (Ti，Al，Zr，Nb) N 双层膜

8.1 (Ti，Al，Nb) N/ (Ti，Al，Zr，Nb) N 双层膜制备工艺

为了与 (Ti，Al，Zr，Nb) N 多元单层膜的性能进行对比，以提供必要的、准确的参考数据，本实验利用多弧离子镀技术，在相同的设备上制备了以 (Ti，Al，Nb) N 为中间层的 (Ti，Al，Zr，Nb) N 薄膜，其中表层 (Ti，Al，Zr，Nb) N 膜的沉积工艺与 (Ti，Al，Zr，Nb) N 单层膜的沉积工艺相同。

(Ti，Al，Nb) N/(Ti，Al，Zr，Nb) N 薄膜的整个制备工艺流程为：试样镀膜前的检查→试样表面被水磨砂纸逐级打磨→试样表面的抛光→丙酮超声波清洗二次→乙醇超声波清洗二次→烘干→装炉→真空室抽至高真空→离子轰击清洗10min→沉积 (Ti，Al，Nb) N 膜30min→沉积 (Ti，Al，Zr，Nb) N 膜20min→真空冷却→出炉。具体流程图如图8.1所示。

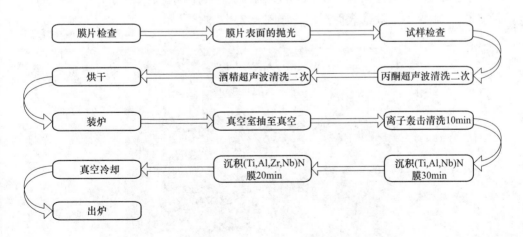

图8.1 (Ti，Al，Nb) N/(Ti，Al，Zr，Nb) N 双层膜制备工艺流程

在沉积的过程中，仍固定了氮气分压为 $(2.5 \sim 3.0) \times 10^{-1}$ Pa，沉积偏压分别

为-50V、-100V、-150V 和-200V，以观察其对薄膜的影响，并通过调整烘烤电流使真空炉内的温度为 260~270℃，传动轴电压为35V。具体的制备工艺参数见表8.1。

表8.1 (Ti, Al, Nb)N/(Ti, Al, Zr, Nb)N 双层膜的制备工艺参数

沉积过程	通入气体	气体分压[①]/10^{-1}Pa	偏压/V	TiAlNb 靶的弧电流/A	Zr 靶的弧电流/A	沉积温度/℃	传动轴电压/V	沉积时间/min
离子轰击	N_2	1.5~3.0	-350	80	30	220~260	35	10
沉积 (Ti, Al, Nb)N 膜	N_2	1.5~3.0	-50, -100, -150 和-200	80	—	260~270	35	30
沉积 (Ti, Al, Zr, Nb)N 膜	N_2	1.5~3.0	-50, -100, -150 和-200	80	30	260~270	35	20

①真空炉的本底真空度为 1.3×10^{-2}Pa。

8.2 (Ti, Al, Nb)N/(Ti, Al, Zr, Nb)N 双层膜形貌

8.2.1 (Ti, Al, Nb)N/(Ti, Al, Zr, Nb)N 双层膜表面形貌

在 W18Cr4V 高速钢和 WC-8%Co 硬质合金基体上沉积 (Ti, Al, Nb)N/(Ti, Al, Zr, Nb)N 双层膜的表面形貌，如图8.2~图8.7所示。

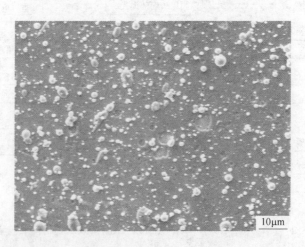

图8.2 W18Cr4V 基体上 (Ti, Al, Nb)N/(Ti, Al, Zr, Nb)N
双层膜的表面形貌 1000 ×示例

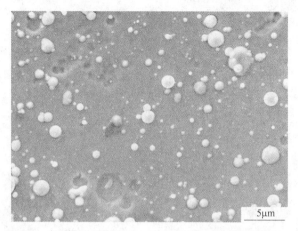

图 8.3 W18Cr4V 基体上 （Ti，Al，Nb)N/(Ti，Al，Zr，Nb)N 双层膜的表面形貌 3000 ×示例

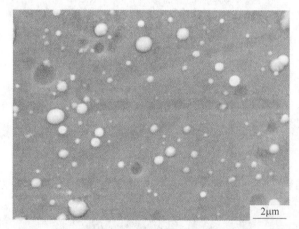

图 8.4 W18Cr4V 基体上 （Ti，Al，Nb)N/(Ti，Al，Zr，Nb)N 双层膜的表面形貌 6000 ×示例

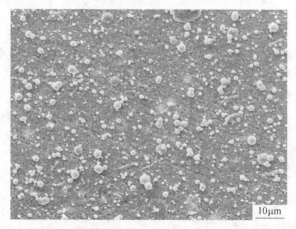

图 8.5 WC-8%Co 基体上 （Ti，Al，Nb)N/(Ti，Al，Zr，Nb)N 双层膜的表面形貌 1000 ×示例

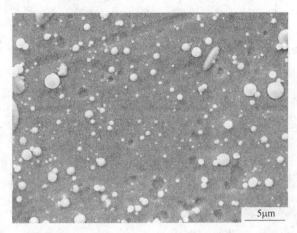

图 8.6 WC-8%Co 基体上 (Ti, Al, Nb)N/(Ti, Al, Zr, Nb)N
双层膜的表面形貌 3000 ×示例

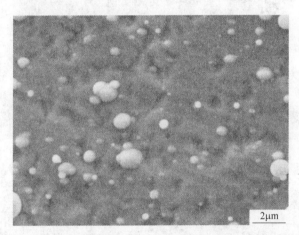

图 8.7 WC-8%Co 基体上 (Ti, Al, Nb)N/(Ti, Al, Zr, Nb)N
双层膜的表面形貌 6000 ×示例

从图中可以看出，两种基体薄膜的表面仍有较多液滴污染现象，它们的尺寸仍不均匀，液滴与薄膜的结合仍比较疏松，其周围会出现一低密度区域，有时还会出现缝隙。当薄膜生长过程中产生的残余压应力过大时，就会导致液滴剥落，形成微孔。偏压提高，微孔数量增多，产生这一现象的原因与高偏压下的反溅射效应有关。

8.2.2 (Ti, Al, Nb)N/(Ti, Al, Zr, Nb)N 双层膜断口形貌

在 W18Cr4V 高速钢和 WC-8%Co 硬质合金基体上沉积 (Ti, Al, Nb)N/(Ti, Al, Zr, Nb)N 双层膜的断口形貌，如图 8.8~图 8.13 所示。

图 8.8 W18Cr4V 基体上 (Ti, Al, Nb)N/(Ti, Al, Zr, Nb)N 双层膜的断口形貌 10000 ×示例 1

图 8.9 W18Cr4V 基体上 (Ti, Al, Nb)N/(Ti, Al, Zr, Nb)N 双层膜的断口形貌 10000 ×示例 2

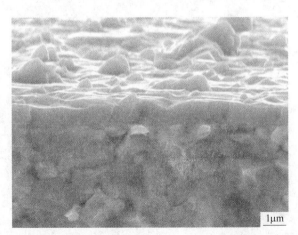

图 8.10 W18Cr4V 基体上 (Ti, Al, Nb)N/(Ti, Al, Zr, Nb)N 双层膜的断口形貌 10000 ×示例 3

图 8.11　W18Cr4V 基体上 (Ti，Al，Nb)N∕(Ti，Al，Zr，Nb)N 双层膜的断口形貌　10000 ×示例 4

图 8.12　W18Cr4V 基体上 (Ti，Al，Nb)N∕(Ti，Al，Zr，Nb)N 双层膜的断口形貌　10000 ×示例 5

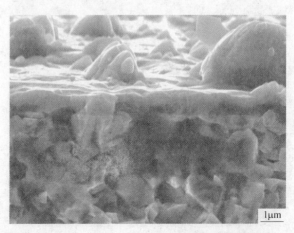

图 8.13　W18Cr4V 基体上 (Ti，Al，Nb)N∕(Ti，Al，Zr，Nb)N 双层膜的断口形貌　10000 ×示例 6

从图中可以看出，薄膜与基体结合得很紧密，组织非常致密均匀，无明显的微裂纹、针孔和分层等缺陷。薄膜具有从基体到表面垂直生长的柱状晶组织，大多数柱状晶贯穿了整个薄膜的厚度范围。薄膜的晶粒边界平整致密，而且晶粒沿晶界有轻微的延伸，产生了"钉扎"效应，这增加了膜/基之间的界面结合力，每个薄膜的厚度都比较均匀。

8.3 （Ti, Al, Nb）N/（Ti, Al, Zr, Nb）N 双层膜表层成分

当沉积偏压分别为-50V、-100V、-150V 和-200V 时，W18Cr4V 高速钢和WC-8%Co 硬质合金膜片表面 （Ti, Al, Nb）N/（Ti, Al, Zr, Nb）N 双层膜表面EDS 的分析结果见表 8.2 和表 8.3。可以看出，膜片表面上的 （Ti, Al, Nb）N/（Ti, Al, Zr, Nb）N 双层膜成分里，Ti、Al、Zr、Nb、N 元素含量及 （Al+Zr+Nb）/（Ti+Al+Zr+Nb） 比值变化趋势与 （Ti, Al, Zr, Nb）N 单层膜的变化趋势基本一致。

表 8.2　W18Cr4V 膜片基体上 （Ti, Al, Nb）N/（Ti, Al, Zr, Nb）N 膜的成分

偏压/V	成分 （摩尔分数）/%					
	Ti	Al	Zr	Nb	N	（Al+Zr+Nb）/（Ti+Al+Zr+Nb）
-50	24.9	11.8	1.5	10.6	51.2	0.49
-100	27.2	12.6	1.6	9.5	49.1	0.47
-150	27.4	12.3	1.6	10.1	48.6	0.47
-200	27.6	12.1	1.7	10.3	48.3	0.47

表 8.3　WC-8%Co 膜片基体上 （Ti, Al, Nb）N/（Ti, Al, Zr, Nb）N 膜的成分

偏压/V	成分 （摩尔分数）/%					
	Ti	Al	Zr	Nb	N	（Al+Zr+Nb）/（Ti+Al+Zr+Nb）
-50	27.2	11.5	1.4	8.6	51.3	0.44
-100	28.8	10.8	1.4	9.4	49.6	0.43
-150	29.8	10.3	1.4	9.1	49.4	0.41
-200	30.5	10.3	1.6	8.7	48.9	0.40

从表中可以看出，在-50～-200V 偏压下外层薄膜的成分变化仍不明显。而且在所有情况下，N 摩尔分数与 Ti、Al、Zr 和 Nb 摩尔分数之和的比值均约为1∶1，基本符合化学计量比，其化学式可近似表示为 (Ti, Al, Zr, Nb)N。而且在外层薄膜成分中，高速钢膜片基体的 (Al+Zr+Nb)/(Ti+Al+Zr+Nb) 摩尔比值为 0.47～0.49，而硬质合金膜片基体的 (Al+Zr+Nb)/(Ti+Al+Zr+Nb) 比值为0.40～0.44。作为 W18Cr4V 膜片基体上 (Ti, Al, Nb)N/(Ti, Al, Zr, Nb)N 双层膜，当此原子比值约为 0.47 时薄膜可以获得最高的硬度；而作为 WC-8%Co 膜片基体上 (Ti, Al, Nb)N/(Ti, Al, Zr, Nb)N 双层膜，当此原子比值约为 0.40时薄膜可以获得最高的硬度。

8.4 (Ti, Al, Nb)N/(Ti, Al, Zr, Nb)N 双层膜相结构

图 8.14 和图 8.15 分别是偏压为-150V 条件下，W18Cr4V 高速钢膜片和 WC-8%Co 硬质合金膜片上 (Ti, Al, Nb)N/(Ti, Al, Zr, Nb)N 薄膜的 XRD 图谱。其结构与 (Ti, Al, Zr, Nb)N 多元单层膜的结构一致，均是与 TiN 晶格结构相同的薄膜。

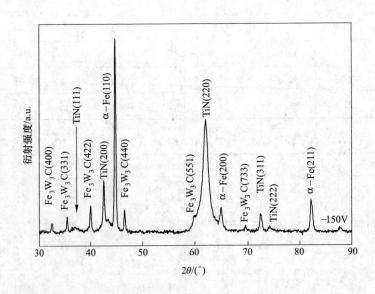

图 8.14 W18Cr4V 膜片基体上 (Ti, Al, Nb)N/(Ti, Al, Zr, Nb)N
双层膜的 XRD 图谱

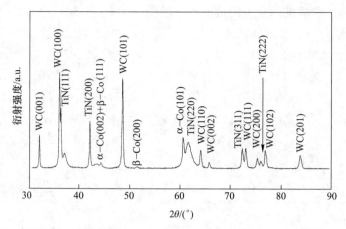

图 8.15　WC-8%Co 基体上（Ti，Al，Nb）N/（Ti，Al，Zr，Nb）N 膜的 XRD 图谱

8.5　（Ti，Al，Nb）N/（Ti，Al，Zr，Nb）N 双层膜硬度

　　不同偏压条件下，W18Cr4V 高速钢膜片和 WC-8%Co 硬质合金膜片上沉积而成的（Ti，Al，Nb）N/（Ti，Al，Zr，Nb）N 双层膜的硬度值见表 8.4。由于（Ti，Al，Nb）N 中间层和（Ti，Al，Zr，Nb）N 表层薄膜处于双层状态，故薄膜之间相互中断了各自界面中的柱状晶长大，达到界面强化的效果。从表 8.4 中的数据可知，随偏压值的增大，（Ti，Al，Nb）N/（Ti，Al，Zr，Nb）N 双层膜的硬度也增大。相比于 W18Cr4V 高速钢膜片而言，WC-8%Co 硬质合金膜片的薄膜硬度更大，最高值能达到 4000HV$_{0.01}$。

表 8.4　不同偏压下沉积（Ti，Al，Nb）N/（Ti，Al，Zr，Nb）N 双层膜的显微硬度

偏压/V	显微硬度 HV$_{0.01}$	
	W18Cr4V 基体	WC-8%Co 基体
−50	3000 ± 100	3600 ± 100
−100	3300 ± 100	3700 ± 100
−150	3400 ± 100	3750 ± 100
−200	3500 ± 100	3900 ± 100

8.6　（Ti，Al，Nb）N/（Ti，Al，Zr，Nb）N 双层膜/基结合力

　　当偏压为−50V 时，W18Cr4V 高速钢膜片基体与所镀（Ti，Al，Nb）N/（Ti，

Al，Zr，Nb）N 薄膜的结合力偏低，当偏压在-100V、-150V、-200V 时，膜与基体结合力趋于稳定，在 170~200N 之间。就 WC-8%Co 硬质合金而言，除-50V 的偏压条件外，硬质合金与（Ti，Al，Nb）N/（Ti，Al，Zr，Nb）N 薄膜的结合力均在 200N 之上，界面结合力非常好，具体检测数据如表 8.5 所示。（Ti，Al，Nb）N 作为中间层具有较好的韧性，可以降低膜片与（Ti，Al，Zr，Nb）N 或（Ti，Al，Zr，Nb）N 膜层之间因硬度大而对结合力的影响，使膜/基结合力更强。只有偏压为-50V 时，（Ti，Al，Nb）N/（Ti，Al，Zr，Nb）N 薄膜的结合力偏低，其他 3 种偏压值下，两种薄膜的结合力基本相同。

表 8.5　不同偏压下沉积的（Ti，Al，Nb）N/（Ti，Al，Zr，Nb）N 膜与基体间的界面结合力

偏压/V	结合力/N	
	W18Cr4V 基体	WC-8%Co 基体
-50	150~160	170~180
-100	170~180	>200
-150	180~190	>200
-200	190~200	>200

8.7　（Ti，Al，Nb）N/（Ti，Al，Zr，Nb）N 双层膜耐磨性

8.7.1　（Ti，Al，Nb）N/（Ti，Al，Zr，Nb）N 双层膜摩擦系数

在偏压为-50V、-100V、-150V、-200V 时，W18Cr4V 高速钢和 WC-8%Co 硬质合金膜片上镀的（Ti，Al，Nb）N/（Ti，Al，Zr，Nb）N 薄膜在 15℃ 条件下的摩擦系数值见表 8.6。根据表 8.6 中数据可知，常温下，W18Cr4V 高速钢膜片上（Ti，Al，Nb）N/（Ti，Al，Zr，Nb）N 薄膜的摩擦系数处于 0.35~0.40 之间；WC-8%Co 硬质合金膜片上（Ti，Al，Nb）N/（Ti，Al，Zr，Nb）N 薄膜的摩擦系数处于 0.30~0.35 之间。（Ti，Al，Nb）N/（Ti，Al，Zr，Nb）N 薄膜比 NbN/（Ti，Al，Zr，Nb）N 薄膜的摩擦系数略微高一些，故其耐磨性有所下降。

表 8.6　不同基体上（Ti，Al，Nb）N/（Ti，Al，Zr，Nb）N 膜的摩擦系数值

基体	摩擦系数值
W18Cr4V	0.35~0.40
WC-8%Co	0.30~0.35

8.7.2 (Ti, Al, Nb)N/(Ti, Al, Zr, Nb)N 双层膜磨损形貌

在 W18Cr4V 高速钢和 WC-8%Co 硬质合金基体上沉积 (Ti, Al, Nb)N/(Ti, Al, Zr, Nb)N 双层膜的磨损形貌，如图 8.16~图 8.47 所示。

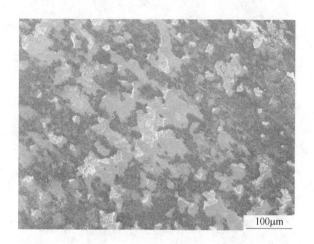

图 8.16 W18Cr4V 基体上 (Ti, Al, Nb)N/(Ti, Al, Zr, Nb)N
双层膜的磨损形貌 200×示例 1

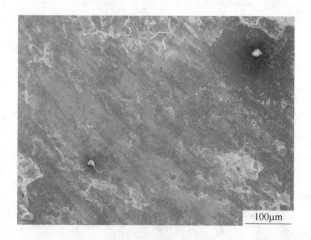

图 8.17 W18Cr4V 基体上 (Ti, Al, Nb)N/(Ti, Al, Zr, Nb)N
双层膜的磨损形貌 200×示例 2

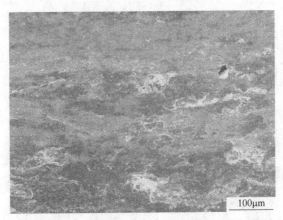

图 8.18 W18Cr4V 基体上 (Ti, Al, Nb) N/(Ti, Al, Zr, Nb) N 双层膜的磨损形貌 200×示例 3

图 8.19 W18Cr4V 基体上 (Ti, Al, Nb) N/(Ti, Al, Zr, Nb) N 双层膜的磨损形貌 200×示例 4

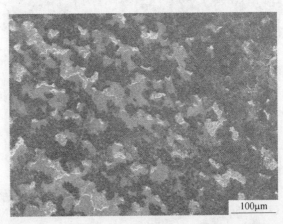

图 8.20 W18Cr4V 基体上 (Ti, Al, Nb) N/(Ti, Al, Zr, Nb) N 双层膜的磨损形貌 200×示例 5

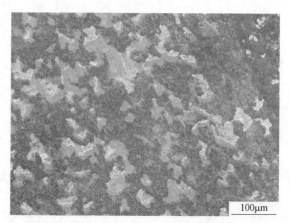

图 8.21　W18Cr4V 基体上 （Ti，Al，Nb）N∕(Ti，Al，Zr，Nb)N 双层膜的磨损形貌　200×示例 6

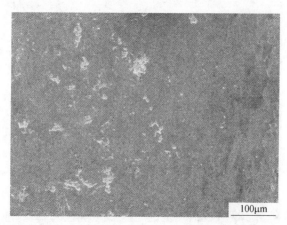

图 8.22　WC-8%Co 基体上 （Ti，Al，Nb）N∕(Ti，Al，Zr，Nb)N 双层膜的磨损形貌　200×示例 1

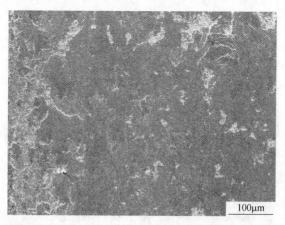

图 8.23　WC-8%Co 基体上 （Ti，Al，Nb）N∕(Ti，Al，Zr，Nb)N 双层膜的磨损形貌　200×示例 2

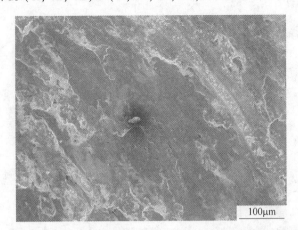

图 8.24　WC-8%Co 基体上（Ti，Al，Nb)N/(Ti，Al，Zr，Nb)N 双层膜的磨损形貌　200×示例 3

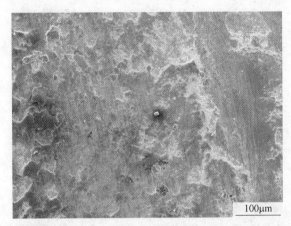

图 8.25　WC-8%Co 基体上（Ti，Al，Nb)N/(Ti，Al，Zr，Nb)N 双层膜的磨损形貌　200×示例 4

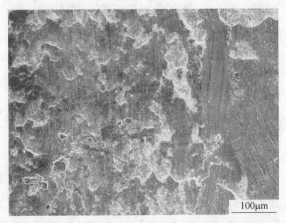

图 8.26　WC-8%Co 基体上（Ti，Al，Nb)N/(Ti，Al，Zr，Nb)N 双层膜的磨损形貌　200×示例 5

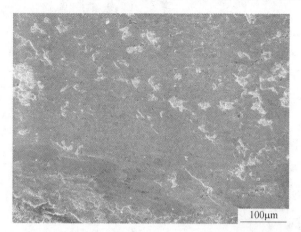

图 8.27　WC-8%Co 基体上（Ti，Al，Nb）N／（Ti，Al，Zr，Nb）N 双层膜的磨损形貌　200×示例 6

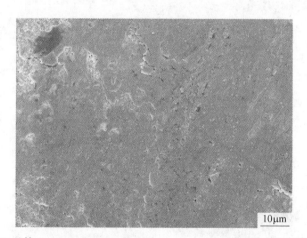

图 8.28　W18Cr4V 基体上（Ti，Al，Nb）N／（Ti，Al，Zr，Nb）N 双层膜的磨损形貌　1000×示例 1

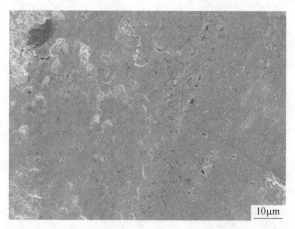

图 8.29　W18Cr4V 基体上（Ti，Al，Nb）N／（Ti，Al，Zr，Nb）N 双层膜的磨损形貌　1000×示例 2

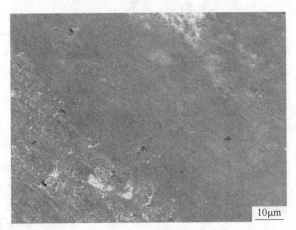

图 8.30   W18Cr4V 基体上（Ti，Al，Nb）N／（Ti，Al，Zr，Nb）N 双层膜的磨损形貌   1000×示例 3

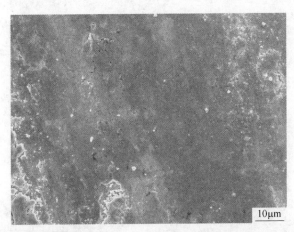

图 8.31   W18Cr4V 基体上（Ti，Al，Nb）N／（Ti，Al，Zr，Nb）N 双层膜的磨损形貌   1000×示例 4

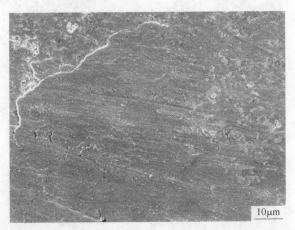

图 8.32   W18Cr4V 基体上（Ti，Al，Nb）N／（Ti，Al，Zr，Nb）N 双层膜的磨损形貌   1000×示例 5

图 8.33 W18Cr4V 基体上 (Ti，Al，Nb)N/(Ti，Al，Zr，Nb)N 双层膜的磨损形貌 1000×示例 6

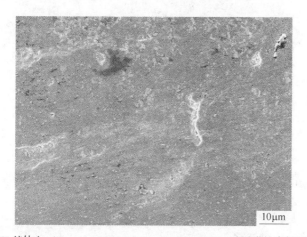

图 8.34 W18Cr4V 基体上 (Ti，Al，Nb)N/(Ti，Al，Zr，Nb)N 双层膜的磨损形貌 1000×示例 7

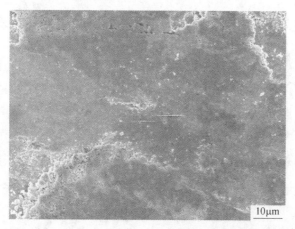

图 8.35 W18Cr4V 基体上 (Ti，Al，Nb)N/(Ti，Al，Zr，Nb)N 双层膜的磨损形貌 1000×示例 8

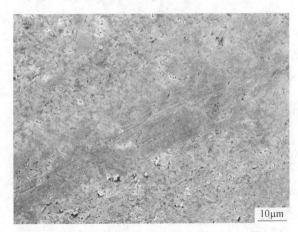

图 8.36   W18Cr4V 基体上 (Ti, Al, Nb)N/(Ti, Al, Zr, Nb)N 双层膜的磨损形貌   1000×示例 9

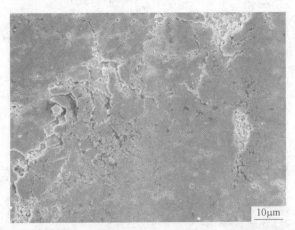

图 8.37   W18Cr4V 基体上 (Ti, Al, Nb)N/(Ti, Al, Zr, Nb)N 双层膜的磨损形貌   1000×示例 10

图 8.38   W18Cr4V 基体上 (Ti, Al, Nb)N/(Ti, Al, Zr, Nb)N 双层膜的磨损形貌   1000×示例 11

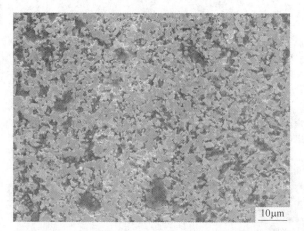

图 8.39 WC-8%Co 基体上 （Ti，Al，Nb）N/（Ti，Al，Zr，Nb）N 双层膜的磨损形貌 1000×示例 1

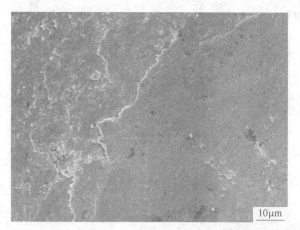

图 8.40 WC-8%Co 基体上 （Ti，Al，Nb）N/（Ti，Al，Zr，Nb）N 双层膜的磨损形貌 1000×示例 2

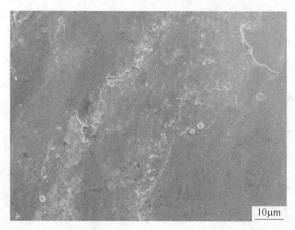

图 8.41 WC-8%Co 基体上 （Ti，Al，Nb）N/（Ti，Al，Zr，Nb）N 双层膜的磨损形貌 1000×示例 3

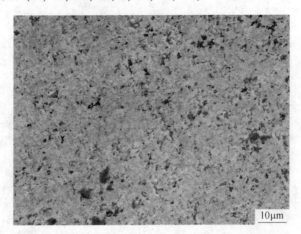

图 8.42　WC-8%Co 基体上 (Ti，Al，Nb)N∕(Ti，Al，Zr，Nb)N 双层膜的磨损形貌　1000×示例 4

图 8.43　WC-8%Co 基体上 (Ti，Al，Nb)N∕(Ti，Al，Zr，Nb)N 双层膜的磨损形貌　1000×示例 5

图 8.44　WC-8%Co 基体上 (Ti，Al，Nb)N∕(Ti，Al，Zr，Nb)N 双层膜的磨损形貌　1000×示例 6

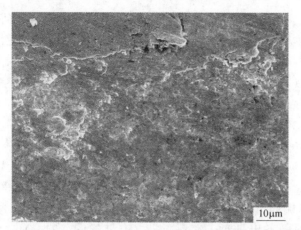

图 8.45　WC-8%Co 基体上 (Ti，Al，Nb)N/(Ti，Al，Zr，Nb)N 双层膜的磨损形貌　1000×示例 7

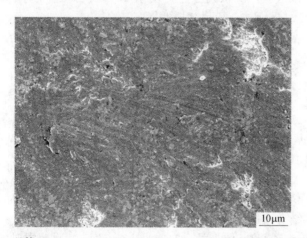

图 8.46　WC-8%Co 基体上 (Ti，Al，Nb)N/(Ti，Al，Zr，Nb)N 双层膜的磨损形貌　1000×示例 8

图 8.47　WC-8%Co 基体上 (Ti，Al，Nb)N/(Ti，Al，Zr，Nb)N 双层膜的磨损形貌　1000×示例 9

两种基体上沉积 (Ti, Al, Nb)N/(Ti, Al, Zr, Nb)N 双层膜都存在着摩擦沟槽痕迹、裂纹和剥落坑, 它们的磨损机理仍是以黏着磨损为主, 伴有脆性剥落的磨粒磨损。由于薄膜的双层界面在一定程度上能使裂纹分叉和偏析, 并阻止裂纹的扩展, 所以与 (Ti, Al, Zr, Nb)N 单层膜相比较, (Ti, Al, Nb)N/(Ti, Al, Zr, Nb)N 双层膜的磨损形貌有所改善。

8.8 本章小结

(1) 利用多弧离子镀技术, 选用 MAD-4B 型真空多弧离子设备, 使用 Ti-Al-Nb 合金靶和 Zr 靶的组合方式, 在 W18Cr4V 高速钢和 WC-8%Co 硬质合金两种膜片基体上成功地制备出具有 TiN 型面心立方结构的 (Ti, Al, Nb)N/(Ti, Al, Zr, Nb)N 多元双层膜。沉积偏压控制在 $-100 \sim -200V$ 之间, 可以获得稳定的成分及更高的硬度、界面结合和耐磨损性能。

(2) (Ti, Al, Nb)N/(Ti, Al, Zr, Nb)N 多元双层膜的 (Al+Zr+Nb)/(Ti+Al+Zr+Nb) 原子比值分别在 $0.47 \sim 0.49$ (W18Cr4V 膜片基体) 和 $0.40 \sim 0.44$ (WC-8%Co 膜片基体) 之间, 当其比值分别约为 0.47 和 0.40 时, 薄膜可以获得更高的硬度。

(3) (Ti, Al, Nb)N/(Ti, Al, Zr, Nb)N 多元双层膜具有较高的硬度, W18Cr4V 膜片基体上的薄膜硬度最高值可达到 $3600HV_{0.01}$; 而 WC-8%Co 膜片基体上的薄膜硬度最高值可达到 $4000HV_{0.01}$。

(4) (Ti, Al, Nb)N/(Ti, Al, Zr, Nb)N 多元双层膜具有较高的膜/基结合力, W18Cr4V 膜片基体上的膜/基结合力最高值可达到 200N; 而 WC-8%Co 膜片基体上的膜/基结合力最高值大于 200N。

(5) W18Cr4V 膜片基体上的 (Ti, Al, Zr, Nb)N 膜磨损时的平均摩擦系数在 $0.35 \sim 0.40$ 之间, 而 WC-8%Co 硬质合金基体上的 (Ti, Al, Zr, Nb)N 膜磨损时的平均摩擦系数在 $0.30 \sim 0.35$ 之间。随着沉积偏压的增加, 其耐磨损性能有所提高, 而且 WC-8%Co 膜片基体耐磨损性能略优于 W18Cr4V 膜片基体薄膜。同时, (Ti, Al, Nb)N/(Ti, Al, Zr, Nb)N 双层膜具有比 (Ti, Al, Zr, Nb)N 单层膜更优的耐磨损性能。

9 膜片镀 NbN/(Ti, Al, Zr, Nb)N 双层膜

9.1 NbN/(Ti, Al, Zr, Nb)N 双层膜制备工艺

为了与 (Ti, Al, Zr, Nb)N 多元单层膜、(Ti, Al, Nb)N/(Ti, Al, Zr, Nb)N 多元双层膜的性能进行对比,以提供必要的、准确的参考数据,本书利用多弧离子镀技术,在相同的设备上制备了以 NbN 为中间层的 (Ti, Al, Zr, Nb)N 薄膜,其中表层 (Ti, Al, Zr, Nb)N 膜的沉积工艺与 (Ti, Al, Zr, Nb)N 单层膜的沉积工艺相同。

NbN/(Ti, Al, Zr, Nb)N 双层膜的制备工艺流程为:试样镀膜前的检查→试样表面用水磨砂纸逐级打磨→试样表面的抛光→丙酮超声波清洗二次→乙醇超声波清洗二次→烘干→装炉→真空室抽至高真空→离子轰击清洗 10min→沉积 NbN 膜 40min→沉积 (Ti, Al, Zr, Nb)N 膜 20min→真空冷却→出炉。

NbN/(Ti, Al, Zr, Nb)N 双层膜制备工艺流程如图 9.1 所示,具体制备工艺参数见表 9.1。

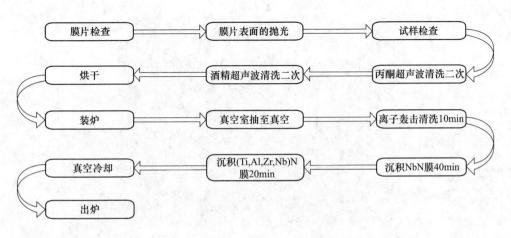

图 9.1 NbN/(Ti, Al, Zr, Nb)N 双层膜制备工艺流程

表 9.1 NbN/(Ti, Al, Zr, Nb)N 双层膜的制备工艺参数

沉积过程	通入气体	气体分压[①]/10^{-1}Pa	偏压/V	TiAlZr 靶的弧电流/A	Nb 靶的弧电流/A	沉积温度/℃	传动轴电压/V	沉积时间/min
离子轰击	N_2	1.5~3.0	−350	80	30	220~260	35	10
沉积 NbN 膜	N_2	1.5~3.0	−50, −100, −150 和−200	—	80	260~270	35	40
沉积 (Ti, Al, Zr, Nb)N 膜	N_2	1.5~3.0	−50, −100, −150 和−200	80	30	260~270	35	20

①真空炉的本底真空度为 1.3×10^{-2}Pa。

9.2 NbN/(Ti, Al, Zr, Nb)N 双层膜形貌

9.2.1 NbN/(Ti, Al, Zr, Nb)N 双层膜表面形貌

在 W18Cr4V 高速钢和 WC-8%Co 硬质合金基体上沉积 NbN/(Ti, Al, Zr, Nb)N 双层膜的表面形貌，如图 9.2~图 9.7 所示。

从这些图中可以看出，两种基体薄膜的表面仍有较多液滴污染现象，它们的尺寸仍不均匀，液滴与薄膜的结合仍比较疏松，还会出现缝隙，会导致液滴剥落，形成微孔。

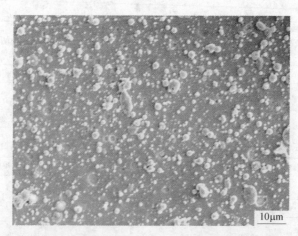

图 9.2 W18Cr4V 基体上 NbN/(Ti, Al, Zr, Nb)N 膜的表面形貌 1000 ×示例

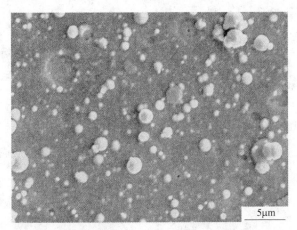

图 9.3 W18Cr4V 基体上 NbN/(Ti, Al, Zr, Nb)N 膜的表面形貌 3000 ×示例

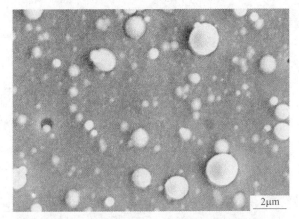

图 9.4 W18Cr4V 基体上 NbN/(Ti, Al, Zr, Nb)N 膜的表面形貌 6000 ×示例

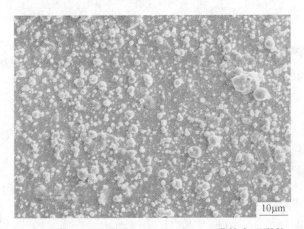

图 9.5 WC-8%Co 基体上 NbN/(Ti, Al, Zr, Nb)N 膜的表面形貌 1000 ×示例

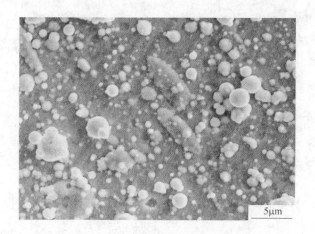

图 9.6   WC-8%Co 基体上 NbN/(Ti, Al, Zr, Nb)N
膜的表面形貌   3000 ×示例

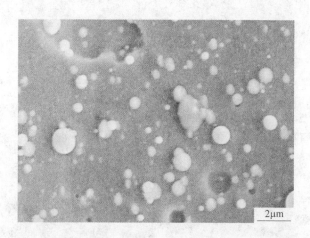

图 9.7   WC-8%Co 基体上 NbN/(Ti, Al, Zr, Nb)N
膜的表面形貌   6000 ×示例

9.2.2   NbN/(Ti, Al, Zr, Nb)N 双层膜断口形貌

在 W18Cr4V 高速钢和 WC-8%Co 硬质合金基体上沉积 NbN/(Ti, Al, Zr, Nb)N 双层膜的断口形貌，如图 9.8~图 9.13 所示。

图 9.8　W18Cr4V 基体上 NbN/(Ti，Al，Zr，Nb)N 膜的断口形貌　10000 ×示例 1

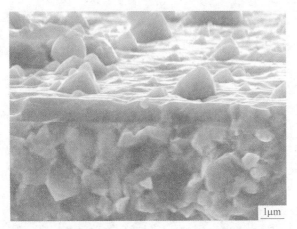

图 9.9　W18Cr4V 基体上 NbN/(Ti，Al，Zr，Nb)N 膜的断口形貌　10000 ×示例 2

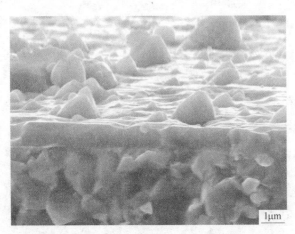

图 9.10　W18Cr4V 基体上 NbN/(Ti，Al，Zr，Nb)N 膜的断口形貌　10000 ×示例 3

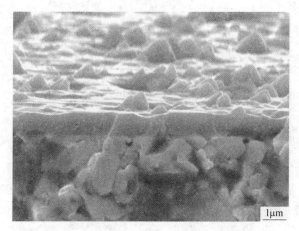

1μm

图 9.11 WC-8%Co 基体上 NbN/(Ti，Al，Zr，Nb)N 膜的断口形貌 10000 ×示例 1

1μm

图 9.12 WC-8%Co 基体上 NbN/(Ti，Al，Zr，Nb)N 膜的断口形貌 10000 ×示例 2

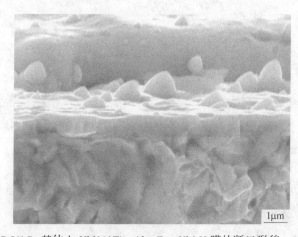

1μm

图 9.13 WC-8%Co 基体上 NbN/(Ti，Al，Zr，Nb)N 膜的断口形貌 10000 ×示例 3

从这些图中可以看出，薄膜与基体结合紧密，组织致密均匀，薄膜显示了明显的分层特征，而且每单层薄膜仍是典型生长的柱状晶组织。SEM 下显示每个薄膜的厚度都比较均匀。

9.3　NbN/(Ti, Al, Zr, Nb)N 双层膜表层成分

当沉积偏压分别为 -50V、-100V、-150V 和 -200V 时，W18Cr4V 高速钢和 WC-8%Co 硬质合金膜片表面 NbN/(Ti, Al, Zr, Nb)N 双层膜表面 EDS 的分析结果，见表 9.2 和表 9.3。可以看出，膜片表面上的 NbN/(Ti, Al, Zr, Nb)N 双层膜成分里，Ti、Al、Zr、Nb、N 元素含量及 (Al+Zr+Nb)/(Ti+Al+Zr+Nb) 比值变化趋势与 (Ti, Al, Zr, Nb)N 单层膜、(Ti, Al, Nb)N/(Ti, Al, Zr, Nb)N 双层膜的变化趋势基本一致。

表 9.2　W18Cr4V 膜片基体上 NbN/(Ti, Al, Zr, Nb)N 膜的成分

偏压 /V	成分（摩尔分数）/%					
	Ti	Al	Zr	Nb	N	(Al+Zr+Nb)/(Ti+Al+Zr+Nb)
-50	24.5	11.3	1.4	11.5	51.3	0.50
-100	26.6	12.1	1.4	10.1	49.8	0.47
-150	27.2	12.1	1.5	10.4	48.8	0.47
-200	27.3	12.2	1.6	10.4	48.5	0.47

表 9.3　WC-8%Co 膜片基体上 NbN/(Ti, Al, Zr, Nb)N 膜的成分

偏压 /V	成分（摩尔分数）/%					
	Ti	Al	Zr	Nb	N	(Al+Zr+Nb)/(Ti+Al+Zr+Nb)
-50	27.1	11.3	1.4	8.6	51.6	0.44
-100	28.5	10.8	1.4	9.5	49.8	0.43
-150	29.3	10.2	1.5	9.6	49.4	0.42
-200	30.3	10.1	1.6	9.1	48.9	0.41

从表中可以看出，在 -50~-200V 偏压下外层薄膜的成分变化仍不明显。而且在所有情况下，N 摩尔分数与 Ti、Al、Zr 和 Nb 摩尔分数之和的比值均约为 1:1，基本符合化学计量比，其化学式可近似表示为 (Ti, Al, Zr, Nb)N。而且在外层薄膜成分中，高速钢膜片基体的 (Al+Zr+Nb)/(Ti+Al+Zr+Nb) 比值为 0.47~0.50，而硬质合金膜片基体的 (Al+Zr+Nb)/(Ti+Al+Zr+Nb) 比值为 0.41~0.44。作为 W18Cr4V 膜片基体上 NbN/(Ti, Al, Zr, Nb)N 双层膜，此原子比值

约为 0.47 时薄膜可以获得最高的硬度；而作为 WC-8%Co 膜片基体上 NbN/(Ti，Al，Zr，Nb)N 双层膜，在摩尔比值约为 0.41 时薄膜可以获得最高的硬度。

9.4　NbN/(Ti，Al，Zr，Nb)N 双层膜相结构

图 9.14 和图 9.15 是偏压为−150V 条件下，W18Cr4V 高速钢膜片和 WC-8%Co 硬质合金膜片上 NbN/(Ti，Al，Zr，Nb)N 薄膜的 XRD 图谱。其结构与 (Ti，Al，Zr，Nb)N 多元单层膜和 (Ti，Al，Nb)N/(Ti，Al，Zr，Nb)N 多元双层膜的结构一致，均是与 TiN 晶格结构相同的薄膜。

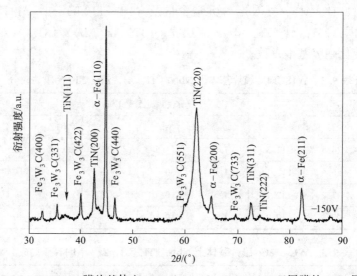

图 9.14　W18Cr4V 膜片基体上 NbN/(Ti，Al，Zr，Nb)N 双层膜的 XRD 图谱

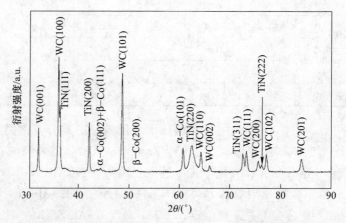

图 9.15　WC-8%Co 基体上 NbN/(Ti，Al，Zr，Nb)N 双层膜的 XRD 图谱

9.5　NbN/（Ti，Al，Zr，Nb）N 双层膜硬度

不同偏压条件下，W18Cr4V 高速钢和 WC-8%Co 硬质合金膜片上沉积而成的 NbN/（Ti，Al，Zr，Nb）N 双层膜的硬度值见表 9.4。由于 NbN/（Ti，Al，Zr，Nb）N 薄膜与 （Ti，Al，Nb）N/（Ti，Al，Zr，Nb）N 薄膜一样处于双层状态，故双层膜之间相互中断了各自界面中的柱状晶长大，达到界面强化的效果。从表 9.4 中的数据可知，随偏压值的增大，NbN/（Ti，Al，Zr，Nb）N 双层膜的硬度也增大。相比于 W18Cr4V 高速钢膜片而言，WC-8%Co 硬质合金膜片的薄膜硬度更大。但该薄膜硬度略低于 （Ti，Al，Nb）N/（Ti，Al，Zr，Nb）N 的硬度，最高值能达到 $3900HV_{0.01}$。

表 9.4　不同偏压下沉积 NbN/（Ti，Al，Zr，Nb）N 双层膜的显微硬度

偏压/V	显微硬度 $HV_{0.01}$	
	W18Cr4V 基体	WC-8%Co 基体
−50	2850±100	3500±100
−100	3100±100	3600±100
−150	3200±100	3700±100
−200	3300±100	3800±100

9.6　NbN/（Ti，Al，Zr，Nb）N 双层膜/基结合力

当偏压为−50V 时，W18Cr4V 高速钢膜片基体与所镀 NbN/（Ti，Al，Zr，Nb）N 薄膜的结合力偏低，当偏压在−100V、−150V、−200V 时，膜与基体结合力趋于稳定，在 170～190N 之间。就 WC-8%Co 硬质合金而言，除−50V 的偏压条件外，硬质合金与 NbN/（Ti，Al，Zr，Nb）N 薄膜的结合力均在 200N 之上，界面结合力非常好，具体检测数据见表 9.5。NbN 作为中间层具有较好的韧性，可以降低膜片与 （Ti，Al，Zr，Nb）N 膜层之间因硬度大而对结合力的影响，使膜/基结合力更强。与 （Ti，Al，Zr，Nb）N 多元单层膜和 （Ti，Al，Nb）N/（Ti，Al，Zr，Nb）N 多元双层膜相比较，只有偏压为−50V 时，NbN/（Ti，Al，Zr，Nb）N 薄膜的结合力偏低，其他 3 种偏压值下，两种薄膜的结合力都非常高。

表 9.5　不同偏压下沉积的 NbN/(Ti, Al, Zr, Nb)N 膜与基体间的界面结合力

偏压/V	结合力/N	
	W18Cr4V 基体	WC-8%Co 基体
−50	150~160	190~200
−100	170~180	>200
−150	170~180	>200
−200	180~190	>200

9.7　NbN/(Ti, Al, Zr, Nb)N 双层膜耐磨性

9.7.1　NbN/(Ti, Al, Zr, Nb)N 双层膜摩擦系数

表 9.6 是在偏压为 −50V、−100V、−150V、−200V 时，W18Cr4V 高速钢和 WC-8%Co 硬质合金膜片上镀的 NbN/(Ti, Al, Zr, Nb)N 薄膜在 15℃条件下的摩擦系数值。根据表中数据可知，W18Cr4V 高速钢膜片上 NbN/(Ti, Al, Zr, Nb)N 薄膜的摩擦系数处于 0.35~0.45 之间；WC-8%Co 硬质合金膜片上 NbN/(Ti, Al, Zr, Nb)N 薄膜的摩擦系数处于 0.30~0.40 之间。NbN/(Ti, Al, Zr, Nb)N 薄膜比 (Ti, Al, Nb)N/(Ti, Al, Zr, Nb)N 薄膜的摩擦系数略微高一些，故其耐磨性有所下降。

表 9.6　不同基体上 NbN/(Ti, Al, Zr, Nb)N 膜的摩擦系数值

基体	摩擦系数值
W18Cr4V	0.35~0.45
WC-8%Co	0.30~0.40

9.7.2　NbN/(Ti, Al, Zr, Nb)N 双层膜磨损形貌

在 W18Cr4V 高速钢和 WC-8%Co 硬质合金基体上沉积 NbN/(Ti, Al, Zr, Nb)N 双层膜的磨损形貌，如图 9.16~图 9.47 所示。

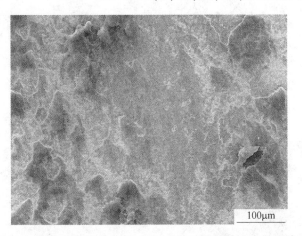

图 9.16 W18Cr4V 基体上 NbN/（Ti，Al，Zr，Nb）N 双层膜的磨损形貌 200×示例 1

图 9.17 W18Cr4V 基体上 NbN/（Ti，Al，Zr，Nb）N 双层膜的磨损形貌 200×示例 2

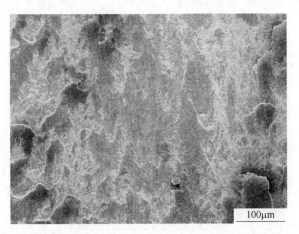

图 9.18 W18Cr4V 基体上 NbN/（Ti，Al，Zr，Nb）N 双层膜的磨损形貌 200×示例 3

图 9.19 W18Cr4V 基体上 NbN/(Ti，Al，Zr，Nb)N 双层膜的磨损形貌 200×示例 4

图 9.20 W18Cr4V 基体上 NbN/(Ti，Al，Zr，Nb)N 双层膜的磨损形貌 200×示例 5

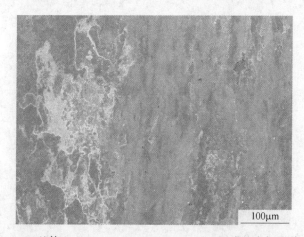

图 9.21 W18Cr4V 基体上 NbN/(Ti，Al，Zr，Nb)N 双层膜的磨损形貌 200×示例 6

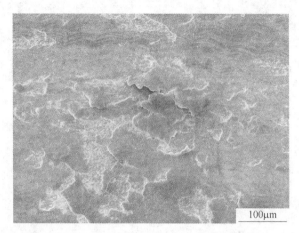

图 9.22　WC-8%Co 基体上 NbN/(Ti，Al，Zr，Nb)N 双层膜的磨损形貌　200×示例 1

图 9.23　WC-8%Co 基体上 NbN/(Ti，Al，Zr，Nb)N 双层膜的磨损形貌　200×示例 2

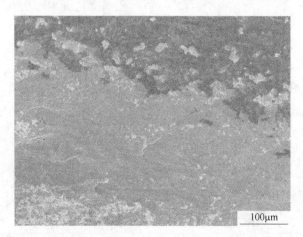

图 9.24　WC-8%Co 基体上 NbN/(Ti，Al，Zr，Nb)N 双层膜的磨损形貌　200×示例 3

图 9.25　WC-8%Co 基体上 NbN/(Ti，Al，Zr，Nb)N 双层膜的磨损形貌　200×示例 4

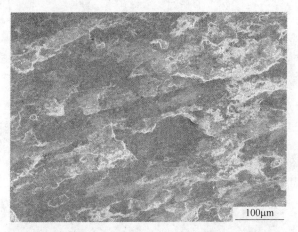

图 9.26　WC-8%Co 基体上 NbN/(Ti，Al，Zr，Nb)N 双层膜的磨损形貌　200×示例 5

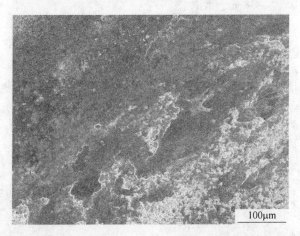

图 9.27　WC-8%Co 基体上 NbN/(Ti，Al，Zr，Nb)N 双层膜的磨损形貌　200×示例 6

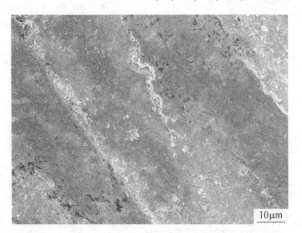

图 9.28 W18Cr4V 基体上 NbN/(Ti, Al, Zr, Nb)N 双层膜的磨损形貌 1000×示例 1

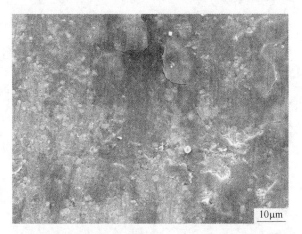

图 9.29 W18Cr4V 基体上 NbN/(Ti, Al, Zr, Nb)N 双层膜的磨损形貌 1000×示例 2

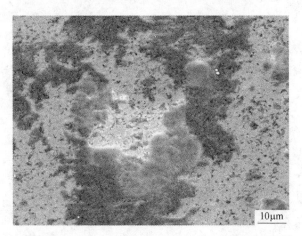

图 9.30 W18Cr4V 基体上 NbN/(Ti, Al, Zr, Nb)N 双层膜的磨损形貌 1000×示例 3

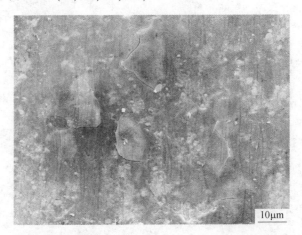

图 9.31　W18Cr4V 基体上 NbN/(Ti, Al, Zr, Nb)N 双层膜的磨损形貌　1000×示例 4

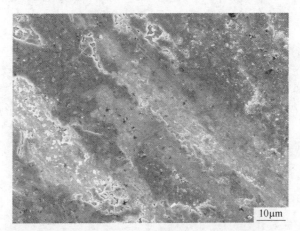

图 9.32　W18Cr4V 基体上 NbN/(Ti, Al, Zr, Nb)N 双层膜的磨损形貌　1000×示例 5

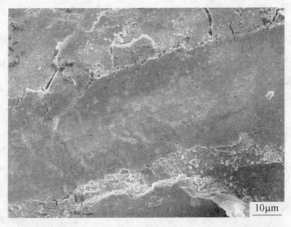

图 9.33　W18Cr4V 基体上 NbN/(Ti, Al, Zr, Nb)N 双层膜的磨损形貌　1000×示例 6

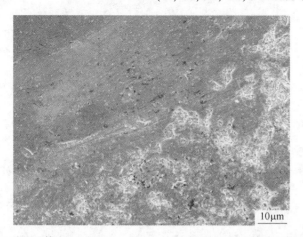

图 9.34 W18Cr4V 基体上 NbN/(Ti, Al, Zr, Nb)N 双层膜的磨损形貌 1000×示例 7

图 9.35 W18Cr4V 基体上 NbN/(Ti, Al, Zr, Nb)N 双层膜的磨损形貌 1000×示例 8

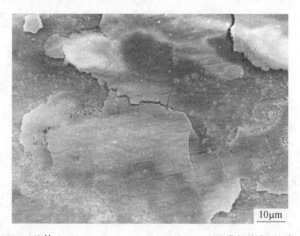

图 9.36 W18Cr4V 基体上 NbN/(Ti, Al, Zr, Nb)N 双层膜的磨损形貌 1000×示例 9

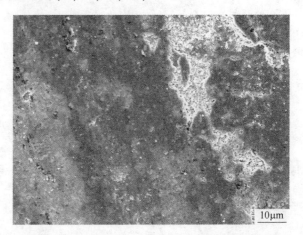

图 9.37　W18Cr4V 基体上 NbN/(Ti，Al，Zr，Nb)N 双层膜的磨损形貌　1000×示例 10

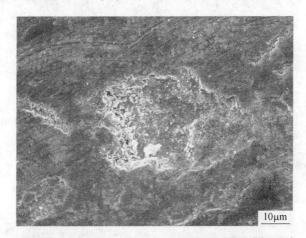

图 9.38　W18Cr4V 基体上 NbN/(Ti，Al，Zr，Nb)N 双层膜的磨损形貌　1000×示例 11

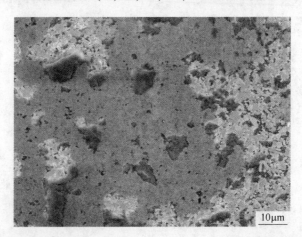

图 9.39　WC-8%Co 基体上 NbN/(Ti，Al，Zr，Nb)N 双层膜的磨损形貌　1000×示例 1

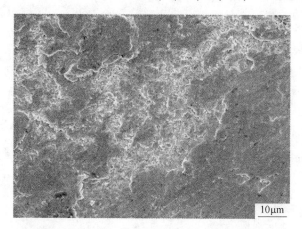

图 9.40　WC-8%Co 基体上 NbN/(Ti，Al，Zr，Nb)N 双层膜的磨损形貌　1000×示例 2

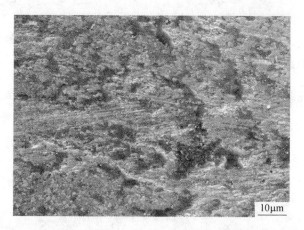

图 9.41　WC-8%Co 基体上 NbN/(Ti，Al，Zr，Nb)N 双层膜的磨损形貌　1000×示例 3

图 9.42　WC-8%Co 基体上 NbN/(Ti，Al，Zr，Nb)N 双层膜的磨损形貌　1000×示例 4

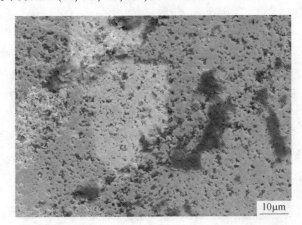

图 9.43　WC-8%Co 基体上 NbN/(Ti，Al，Zr，Nb)N 双层膜的磨损形貌　1000×示例 5

图 9.44　WC-8%Co 基体上 NbN/(Ti，Al，Zr，Nb)N 双层膜的磨损形貌　1000×示例 6

图 9.45　WC-8%Co 基体上 NbN/(Ti，Al，Zr，Nb)N 双层膜的磨损形貌　1000×示例 7

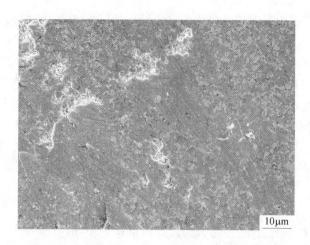

图 9.46　WC-8%Co 基体上 NbN/(Ti, Al, Zr, Nb)N 双层膜的磨损形貌　1000×示例 8

图 9.47　WC-8%Co 基体上 NbN/(Ti, Al, Zr, Nb)N 双层膜的磨损形貌　1000×示例 9

两种薄膜都存在着沿摩擦方向的摩擦沟槽痕迹、裂纹和不规则的剥落坑，它们的磨损机理仍是以黏着磨损为主，并伴有脆性剥落的磨粒磨损。与 (Ti, Al, Zr, Nb)N 单层膜的磨损形貌相比较，NbN/(Ti, Al, Zr, Nb)N 双层膜的形貌有所改善；但与 (Ti, Al, Nb)N/(Ti, Al, Zr, Nb)N 双层膜的磨损形貌相比较，NbN/(Ti, Al, Zr, Nb)N 双层膜的破损程度略微加重。

9.8　本 章 小 结

（1）利用多弧离子镀技术，选用 MAD-4B 型真空多弧离子设备，使用 Ti-Al-Zr 合金靶和 Nb 靶的组合方式，在 W18Cr4V 高速钢和 WC-8%Co 硬质合金两种膜片基体上成功地制备出具有 TiN 型面心立方结构的以 NbN 为中间层、(Ti, Al, Zr, Nb)N 为表层的双层膜。沉积偏压控制在 $-100 \sim -200V$ 之间，可以获得稳定的成分及更高的硬度、界面结合和耐磨损性能。

(2) NbN/(Ti, Al, Zr, Nb)N 多元双层膜的 (Al+Zr+Nb)/(Ti+Al+Zr+Nb) 原子比值分别在 $0.47 \sim 0.50$（W18Cr4V 膜片基体）和 $0.41 \sim 0.44$（WC-8%Co 膜片基体）之间，当其比值分别约为 0.47 和 0.41 时，薄膜可以获得更高的硬度。

(3) NbN/(Ti, Al, Zr, Nb)N 多元双层膜具有较高的硬度，W18Cr4V 膜片基体上的薄膜硬度最高值可达到 $3400HV_{0.01}$；而 WC-8%Co 膜片基体上的薄膜硬度最高值可达到 $3900HV_{0.01}$。

(4) NbN/(Ti, Al, Zr, Nb)N 多元双层膜具有较高的膜/基结合力，W18Cr4V 膜片基体上的膜/基结合力最高值可达到 190N；而 WC-8%Co 膜片基体上的膜/基结合力最高值大于 200N。

(5) W18Cr4V 膜片基体上的 NbN/(Ti, Al, Zr, Nb)N 膜磨损时的平均摩擦系数在 $0.35 \sim 0.45$ 之间，而 WC-8%Co 硬质合金基体上的 NbN/(Ti, Al, Zr, Nb)N 膜磨损时的平均摩擦系数在 $0.30 \sim 0.40$ 之间。随着沉积偏压的增加，其耐磨损性能有所提高，而且 WC-8%Co 膜片基体略优于 W18Cr4V 膜片基体上薄膜的耐磨损性能。同时，NbN/(Ti, Al, Zr, Nb)N 双层膜具有比 (Ti, Al, Zr, Nb)N 单层膜更优的耐磨损性能。

10 膜片镀 TiAlZrNb/（Ti，Al，Zr，Nb）N 梯度膜

10.1 TiAlZrNb/（Ti，Al，Zr，Nb）N 梯度膜制备工艺

为了与（Ti，Al，Zr，Nb）N 多元单层膜、（Ti，Al，Nb）N/（Ti，Al，Zr，Nb）N 和 NbN/（Ti，Al，Zr，Nb）N 多元双层膜的性能进行对比，以提供必要的、准确的参考数据，本实验利用多弧离子镀技术，在相同的设备上制备了以 TiAlZrNb 合金膜为中间层的（Ti，Al，Zr，Nb）N 薄膜，其中表层（Ti，Al，Zr，Nb）N 膜的沉积工艺与（Ti，Al，Zr，Nb）N 单层膜的沉积工艺相同。

TiAlZrNb/（Ti，Al，Zr，Nb）N 薄膜的整个制备工艺流程为：试样镀膜前的检查→试样表面用水磨砂纸逐级打磨→试样表面的抛光→丙酮超声波清洗二次→乙醇超声波清洗二次→烘干→装炉→真空室抽至高真空→离子轰击清洗 10min→沉积 TiAlZrNb 合金膜 5min→沉积（Ti，Al，Zr，Nb）N 膜 40min→真空冷却→出炉。

TiAlZrNb/（Ti，Al，Zr，Nb）N 梯度膜的制备工艺流程如图 10.1 所示。具体制备工艺参数见表 10.1。

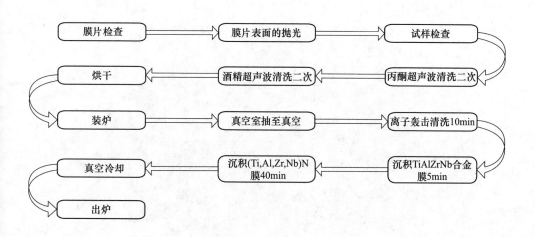

图 10.1　TiAlZrNb/（Ti，Al，Zr，Nb）N 梯度膜的制备工艺流程

表 10.1　TiAlZrCr/(Ti，Al，Zr，Nb)N 梯度膜的制备工艺参数

沉积过程	通入气体	气体分压[①] /10⁻¹Pa	偏压 /V	TiAlZr 靶的弧电流/A	Nb 靶的弧电流/A	沉积温度 /℃	沉积时间 /min
离子轰击	Ar	1.5~2.0	−350	50	40	220~260	10
沉积 TiAlZrNb 过渡层	Ar	1.5~2.0	−50，−100，−150，−200	50	40	260~270	5
沉积 (Ti，Al，Zr，Nb)N 梯度膜	N₂	1.5~2.0 到 2.5~3.0 渐变调节	−50，−100，−150，−200	50~70 渐变调节	40	260~270	40

①真空炉的本底真空度为 1.3×10^{-2}Pa。

10.2　TiAlZrNb/(Ti，Al，Zr，Nb)N 梯度膜形貌

10.2.1　TiAlZrNb/(Ti，Al，Zr，Nb)N 梯度膜表面形貌

在 W18Cr4V 高速钢和 WC-8%Co 硬质合金基体上沉积 TiAlZrNb/(Ti，Al，Zr，Nb)N 梯度膜的表面形貌，如图 10.2~图 10.7 所示。从图中可以看出，两种基体薄膜的表面仍有较多液滴污染现象，它们的尺寸仍不均匀，液滴与薄膜的结合仍比较疏松，会导致液滴剥落形成微孔。

图 10.2　W18Cr4V 基体上 TiAlZrNb/(Ti，Al，Zr，Nb)N 梯度膜的表面形貌　1000 ×示例

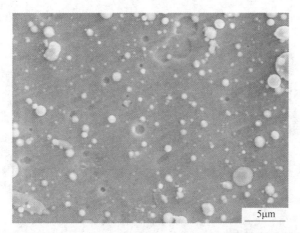

图 10.3　W18Cr4V 基体上 TiAlZrNb/(Ti, Al, Zr, Nb)N 梯度膜的表面形貌　3000×示例

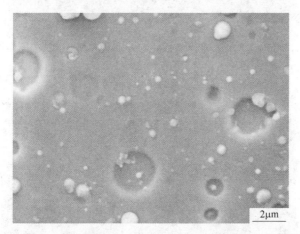

图 10.4　W18Cr4V 基体上 TiAlZrNb/(Ti, Al, Zr, Nb)N 梯度膜的表面形貌　6000×示例

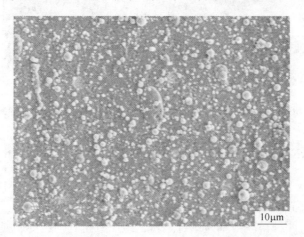

图 10.5　WC-8%Co 基体上 TiAlZrNb/(Ti, Al, Zr, Nb)N 梯度膜的表面形貌　1000×示例

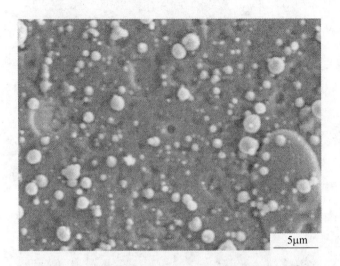

图 10.6   WC-8%Co 基体上 TiAlZrNb/(Ti, Al, Zr, Nb)N 梯度膜的表面形貌   3000 ×示例

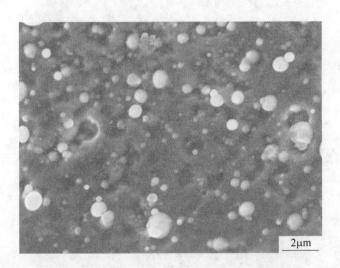

图 10.7   WC-8%Co 基体上 TiAlZrNb/(Ti, Al, Zr, Nb)N 梯度膜的表面形貌   6000 ×示例

10.2.2   TiAlZrNb/(Ti, Al, Zr, Nb)N 梯度膜断口形貌

在 W18Cr4V 高速钢和 WC-8%Co 硬质合金基体上沉积 TiAlZrNb/(Ti, Al, Zr, Nb)N 的断口形貌, 如图 10.8~图 10.13 所示。

由图可见, 两种薄膜与基体结合紧密, 组织致密均匀, 薄膜是典型的柱状晶组织。SEM 下显示每个薄膜的厚度都比较均匀。

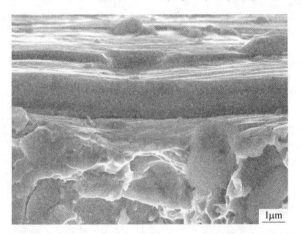

图 10.8   W18Cr4V 基体上 TiAlZrNb/(Ti, Al, Zr, Nb)N 梯度膜断口形貌   10000 ×示例 1

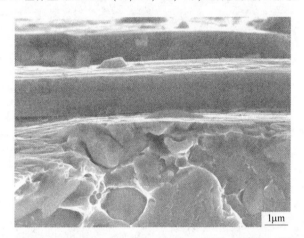

图 10.9   W18Cr4V 基体上 TiAlZrNb/(Ti, Al, Zr, Nb)N 梯度膜断口形貌   10000 ×示例 2

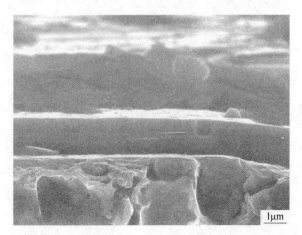

图 10.10   W18Cr4V 基体上 TiAlZrNb/(Ti, Al, Zr, Nb)N 梯度膜断口形貌   10000 ×示例 3

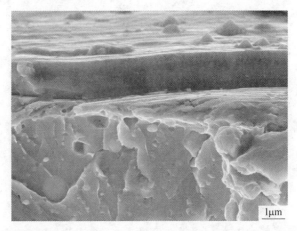

图 10.11   WC-8%Co 基体上 TiAlZrNb/(Ti，Al，Zr，Nb)N 梯度膜断口形貌   10000 ×示例 1

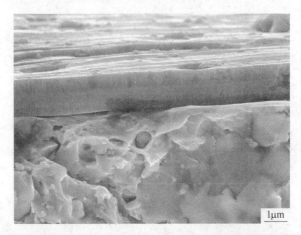

图 10.12   WC-8%Co 基体上 TiAlZrNb/(Ti，Al，Zr，Nb)N 梯度膜断口形貌   10000 ×示例 2

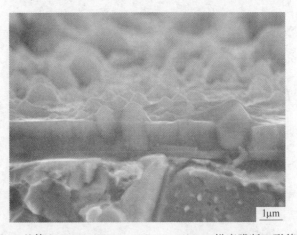

图 10.13   WC-8%Co 基体上 TiAlZrNb/(Ti，Al，Zr，Nb)N 梯度膜断口形貌   10000 ×示例 3

10.3 TiAlZrNb/(Ti，Al，Zr，Nb)N 梯度膜表层成分

当沉积偏压分别为-50V、-100V、-150V 和-200V 时，W18Cr4V 高速钢和WC-8%Co 硬质合金膜片表面 TiAlZrNb/(Ti，Al，Zr，Nb)N 梯度膜表面 EDS 的分析结果见表 10.2 和表 10.3。

从表中可以看出，在膜片表面上的 TiAlZrNb/(Ti，Al，Zr，Nb)N 梯度膜成分里，Ti、Al、Zr、Nb、N 元素含量及 (Al+Zr+Nb)/(Ti+Al+Zr+Nb) 的比值变化趋势与 (Ti，Al，Zr，Nb)N 单层膜、(Ti，Al，Nb)N/(Ti，Al，Zr，Nb)N 和NbN/(Ti，Al，Zr，Nb)N 双层膜的变化趋势基本一致。

表 10.2　W18Cr4V 膜片基体上 TiAlZrNb/(Ti，Al，Zr，Nb)N 膜的成分

偏压 /V	成分（原子分数）/%					
	Ti	Al	Zr	Nb	N	(Al+Zr+Nb)/(Ti+Al+Zr+Nb)
-50	26.5	11.5	1.4	9.8	50.8	0.46
-100	27.9	12.4	1.5	8.6	49.6	0.45
-150	28.3	12.4	1.5	8.5	49.3	0.44
-200	28.6	12.2	1.6	9.0	48.6	0.44

表 10.3　WC-8%Co 膜片基体上 TiAlZrNb/(Ti，Al，Zr，Nb)N 膜的成分

偏压 /V	成分（原子分数）/%					
	Ti	Al	Zr	Nb	N	(Al+Zr+Nb)/(Ti+Al+Zr+Nb)
-50	28.2	11.9	1.5	6.8	51.6	0.42
-100	28.9	10.5	1.5	9.3	49.8	0.42
-150	29.9	10.3	1.5	8.5	49.8	0.40
-200	30.7	10.4	1.7	8.6	48.6	0.40

从表中可以看出，在-50~-200V 偏压下外层薄膜的成分变化仍不明显。而且在所有情况下，N 摩尔分数与 Ti、Al、Zr 和 Nb 摩尔分数之和的比值均约为1:1，基本符合化学计量比，其化学式可近似表示为 (Ti，Al，Zr，Nb)N。在外层薄膜成分中，高速钢膜片基体的 (Al+Zr+Nb)/(Ti+Al+Zr+Nb) 比值为

0.44~0.46，而硬质合金膜片基体的（Al+Zr+Nb)/(Ti+Al+Zr+Nb）比值为 0.40~0.42。作为 W18Cr4V 膜片基体上的 TiAlZrNb/(Ti，Al，Zr，Nb)N 梯度膜，此原子比值约为 0.44 时薄膜可以获得最高的硬度；而作为 WC-8%Co 膜片基体上的 TiAlZrNb/(Ti，Al，Zr，Nb)N 梯度膜，此原子比值约为 0.40 时薄膜可以获得最高的硬度。

10.4 TiAlZrNb/(Ti，Al，Zr，Nb)N 梯度膜相结构

不同的偏压条件下，在高速钢和硬质合金膜片的基体上涂镀 TiAlZrNb/(Ti，Al，Zr，Nb)N 梯度膜的 XRD 图谱，如图 10.14 和图 10.15 所示。其结构与（Ti，Al，Zr，Nb)N 多元单层膜和（Ti，Al，Nb)N/(Ti，Al，Zr，Nb)N、NbN/(Ti，Al，Zr，Nb)N 双层膜的结构一致，均是与 TiN 晶格结构相同的薄膜。

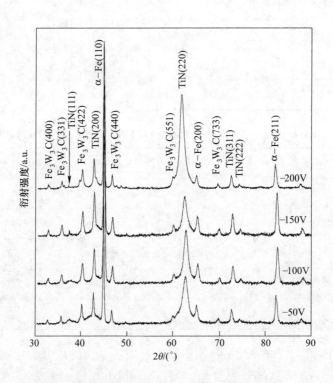

图 10.14 W18Cr4V 基体上 TiAlZrNb/(Ti，Al，Zr，Nb)N 梯度膜的 XRD 图谱

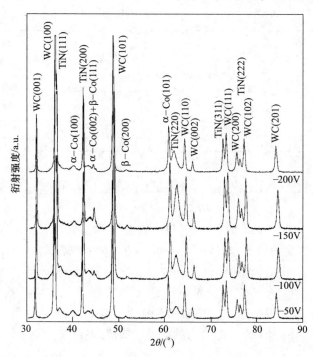

图 10.15 WC-8%Co 基体上 TiAlZrNb/(Ti，Al，Zr，Nb)N 膜的 XRD 图谱

10.5 TiAlZrNb/(Ti，Al，Zr，Nb)N 梯度膜硬度

不同偏压条件下，两种膜片基体上沉积而成的 TiAlZrNb/(Ti，Al，Zr，Nb)N 梯度膜的硬度值见表 10.4 。由于（Ti，Al，Zr，Nb)N 薄膜处于梯度状态，故梯度膜之间相互中断了各自界面中柱状晶的长大，达到界面强化的效果。从表 10.4 中的数据可知，随偏压值的增大，TiAlZrNb/(Ti，Al，Zr，Nb)N 梯度膜的硬度也增大。相比于 W18Cr4V 高速钢膜片而言，WC-8%Co 硬质合金膜片的薄膜硬度更大，但该薄膜硬度略低于 TiAlZrNb/(Ti，Al，Zr，Nb)N 梯度膜的硬度，其最高值能达到 $4000HV_{0.01}$。

表 10.4 不同偏压下沉积 TiAlZrNb/(Ti，Al，Zr，Nb)N 梯度膜的显微硬度

偏压/V	显微硬度 $HV_{0.01}$	
	W18Cr4V 基体	WC-8%Co 基体
-50	3100±100	3600±100
-100	3300±100	3700±100

续表 10.4

偏压/V	显微硬度 $HV_{0.01}$	
	W18Cr4V 基体	WC-8%Co 基体
−150	3500±100	3800±100
−200	3600±100	3900±100

10.6　TiAlZrNb/(Ti，Al，Zr，Nb)N 梯度膜/基结合力

当偏压在−50~−200V 时，W18Cr4V 高速钢膜片基体与所镀 TiAlZrNb/(Ti，Al，Zr，Nb)N 梯度膜的结合力均非常稳定，在 170~200N 之间。对 WC-8%Co 硬质合金而言，除−50V 的偏压条件外，硬质合金与 TiAlZrNb/(Ti，Al，Zr，Nb)N 薄膜的结合力均在 200N 之上，界面结合力非常好。具体检测数据见表 10.5。TiAlZrNb 合金膜作为中间层具有较好的韧性，可以降低膜片与 (Ti，Al，Zr，Nb)N 膜层之间因硬度大而对结合力的影响，使膜/基结合力更强。

表 10.5　不同偏压下沉积的 TiAlZrNb/(Ti，Al，Zr，Nb)N 膜与基体间的界面结合力

偏压/V	结合力/N	
	W18Cr4V 基体	WC-8%Co 基体
−50	170~180	190~200
−100	180~190	>200
−150	180~190	>200
−200	190~200	>200

10.7　TiAlZrNb/(Ti，Al，Zr，Nb)N 梯度膜耐磨性

10.7.1　TiAlZrNb/(Ti，Al，Zr，Nb)N 梯度膜摩擦系数

在偏压为−50V、−100V、−150V、−200V 时，W18Cr4V 高速钢和 WC-8%Co 硬质合金膜片上镀的 TiAlZrNb/(Ti，Al，Zr，Nb)N 薄膜在 15℃ 条件下的摩擦系数值见表 10.6。根据表 10.6 中数据可知，W18Cr4V 高速钢膜片上 TiAlZrNb/(Ti，Al，Zr，Nb)N 薄膜的摩擦系数处于 0.35~0.40 之间；而 WC-8%Co 硬质合金膜片上 TiAlZrNb/(Ti，Al，Zr，Nb)N 薄膜的摩擦系数处于 0.30~0.40 之间。

TiAlZrNb/(Ti, Al, Zr, Nb)N 薄膜比 NbN/(Ti, Al, Zr, Nb)N 薄膜的摩擦系数略微增加，故其耐磨性有所下降。

表 10.6　不同基体上 TiAlZrNb/(Ti, Al, Zr, Nb)N 膜的摩擦系数值

基体	摩擦系数值
W18Cr4V	0.35~0.40
WC-8%Co	0.30~0.40

10.7.2　TiAlZrNb/(Ti, Al, Zr, Nb)N 梯度膜磨损形貌

在 W18Cr4V 高速钢和 WC-8%Co 硬质合金基体上沉积 TiAlZrNb/(Ti, Al, Zr, Nb)N 梯度膜的磨损形貌，如图 10.16~图 10.46 所示。

图 10.16　W18Cr4V 基体上 TiAlZrNb/(Ti, Al, Zr, Nb)N 梯度膜的磨损形貌　200×示例 1

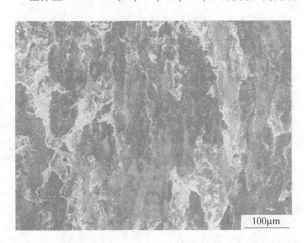

图 10.17　W18Cr4V 基体上 TiAlZrNb/(Ti, Al, Zr, Nb)N 梯度膜的磨损形貌　200×示例 2

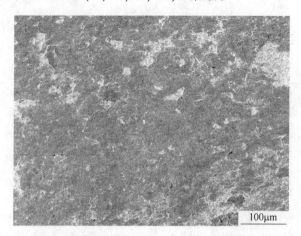

图 10.18　W18Cr4V 基体上 TiAlZrNb/(Ti，Al，Zr，Nb)N 梯度膜的磨损形貌　200×示例 3

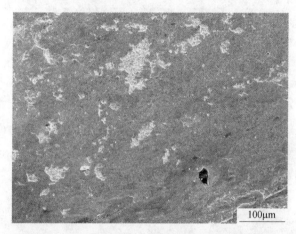

图 10.19　W18Cr4V 基体上 TiAlZrNb/(Ti，Al，Zr，Nb)N 梯度膜的磨损形貌　200×示例 4

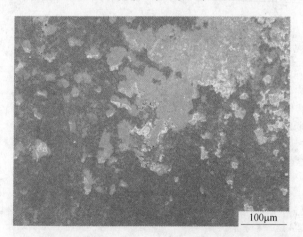

图 10.20　W18Cr4V 基体上 TiAlZrNb/(Ti，Al，Zr，Nb)N 梯度膜的磨损形貌　200×示例 5

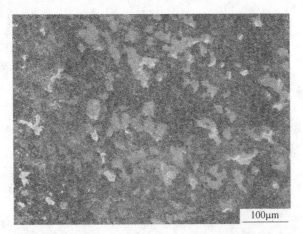

图 10.21 W18Cr4V 基体上 TiAlZrNb/(Ti, Al, Zr, Nb)N 梯度膜的磨损形貌 200×示例 6

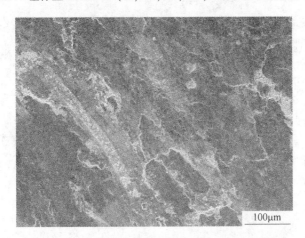

图 10.22 WC-8%Co 基体上 TiAlZrNb/(Ti, Al, Zr, Nb)N 梯度膜的磨损形貌 200×示例 1

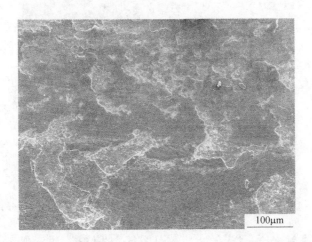

图 10.23 WC-8%Co 基体上 TiAlZrNb/(Ti, Al, Zr, Nb)N 梯度膜的磨损形貌 200×示例 2

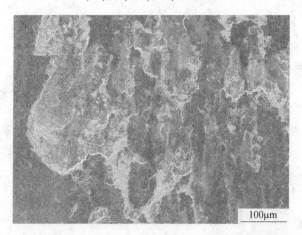

图 10.24   WC-8%Co 基体上 TiAlZrNb/(Ti，Al，Zr，Nb)N 梯度膜的磨损形貌   200×示例 3

图 10.25   WC-8%Co 基体上 TiAlZrNb/(Ti，Al，Zr，Nb)N 梯度膜的磨损形貌   200×示例 4

图 10.26   WC-8%Co 基体上 TiAlZrNb/(Ti，Al，Zr，Nb)N 梯度膜的磨损形貌   200×示例 5

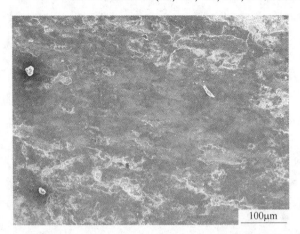

图 10.27 WC-8%Co 基体上 TiAlZrNb/(Ti, Al, Zr, Nb)N 梯度膜的磨损形貌 200×示例 6

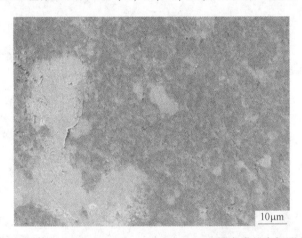

图 10.28 W18Cr4V 基体上 TiAlZrNb/(Ti, Al, Zr, Nb)N 梯度膜的磨损形貌 1000×示例 1

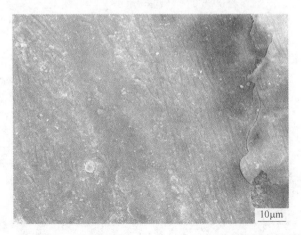

图 10.29 W18Cr4V 基体上 TiAlZrNb/(Ti, Al, Zr, Nb)N 梯度膜的磨损形貌 1000×示例 2

图 10.30   W18Cr4V 基体上 TiAlZrNb/(Ti, Al, Zr, Nb)N 梯度膜的磨损形貌   1000×示例 3

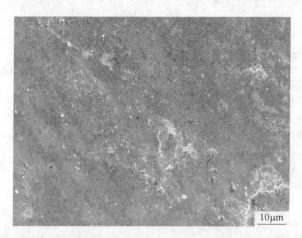

图 10.31   W18Cr4V 基体上 TiAlZrNb/(Ti, Al, Zr, Nb)N 梯度膜的磨损形貌   1000×示例 4

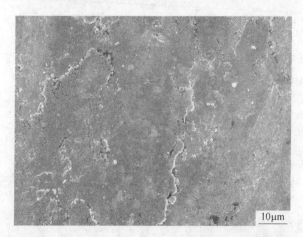

图 10.32   W18Cr4V 基体上 TiAlZrNb/(Ti, Al, Zr, Nb)N 梯度膜的磨损形貌   1000×示例 5

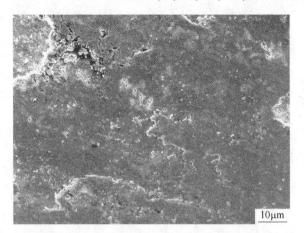

图 10.33　W18Cr4V 基体上 TiAlZrNb/(Ti，Al，Zr，Nb)N 梯度膜的磨损形貌　1000×示例 6

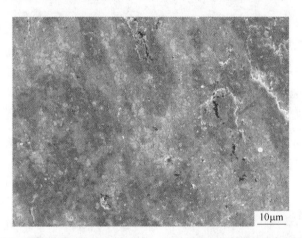

图 10.34　W18Cr4V 基体上 TiAlZrNb/(Ti，Al，Zr，Nb)N 梯度膜的磨损形貌　1000×示例 7

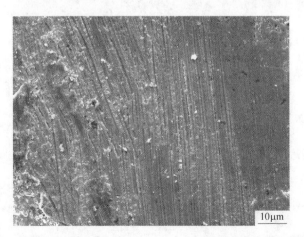

图 10.35　W18Cr4V 基体上 TiAlZrNb/(Ti，Al，Zr，Nb)N 梯度膜的磨损形貌　1000×示例 8

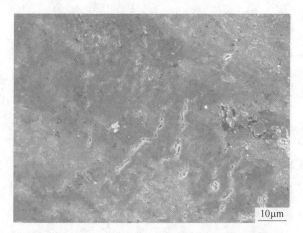

图 10.36   W18Cr4V 基体上 TiAlZrNb/(Ti，Al，Zr，Nb)N 梯度膜的磨损形貌   1000×示例 9

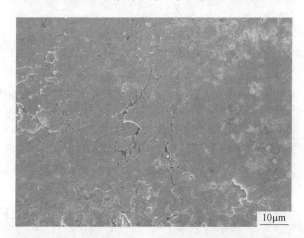

图 10.37   W18Cr4V 基体上 TiAlZrNb/(Ti，Al，Zr，Nb)N 梯度膜的磨损形貌   1000×示例 10

图 10.38   W18Cr4V 基体上 TiAlZrNb/(Ti，Al，Zr，Nb)N 梯度膜的磨损形貌   1000×示例 11

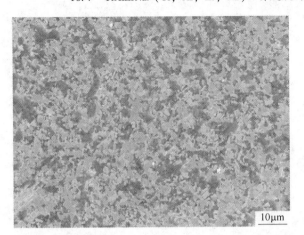

图 10.39 WC-8%Co 基体上 TiAlZrNb/(Ti，Al，Zr，Nb)N 梯度膜的磨损形貌 1000×示例 1

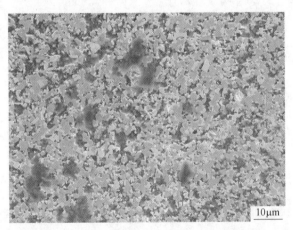

图 10.40 WC-8%Co 基体上 TiAlZrNb/(Ti，Al，Zr，Nb)N 梯度膜的磨损形貌 1000×示例 2

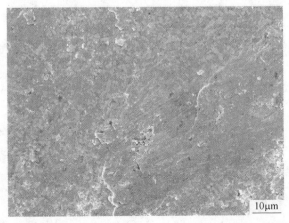

图 10.41 WC-8%Co 基体上 TiAlZrNb/(Ti，Al，Zr，Nb)N 梯度膜的磨损形貌 1000×示例 3

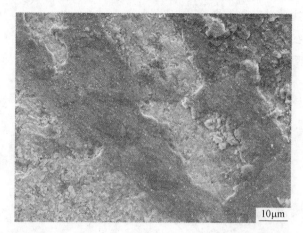

图 10.42　WC-8%Co 基体上 TiAlZrNb/(Ti，Al，Zr，Nb)N 梯度膜的磨损形貌　1000×示例 4

图 10.43　WC-8%Co 基体上 TiAlZrNb/(Ti，Al，Zr，Nb)N 梯度膜的磨损形貌　1000×示例 5

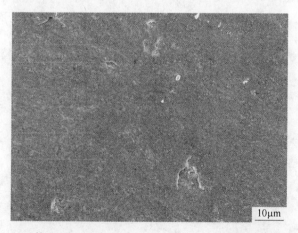

图 10.44　WC-8%Co 基体上 TiAlZrNb/(Ti，Al，Zr，Nb)N 梯度膜的磨损形貌　1000×示例 6

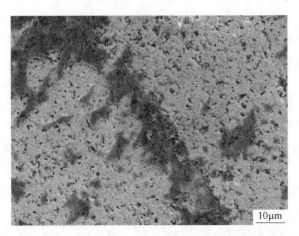

图 10.45　WC-8%Co 基体上 TiAlZrNb/(Ti，Al，Zr，Nb)N 梯度膜的磨损形貌　1000×示例 7

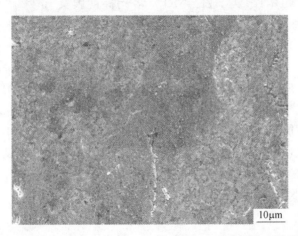

图 10.46　WC-8%Co 基体上 TiAlZrNb/(Ti，Al，Zr，Nb)N 梯度膜的磨损形貌　1000×示例 8

从以上这些图中可以看出，两种薄膜磨痕都很致密，未产生裂纹，它们的磨损机理仍是以黏着磨损为主，伴有脆性剥落的磨粒磨损。与 (Ti，Al，Zr，Nb)N 单层膜及 (Ti，Al，Nb)N/(Ti，Al，Zr，Nb)N 和 NbN/(Ti，Al，Zr，Nb)N 双层膜的磨损形貌相比较，TiAlZrNb/(Ti，Al，Zr，Nb)N 梯度膜的磨损形貌明显改善。TiAlZrNb/(Ti，Al，Zr，Nb)N 梯度膜更为优良的显微硬度大大提高了薄膜的耐磨损性能，更强的膜/基界面结合性能也延缓了薄膜剥落现象的发生。

10.8　本章小结

(1) 本实验利用多弧离子镀技术，选用 MAD-4B 型真空多弧离子设备，使用 Ti-Al-Zr 合金靶和 Nb 靶的组合方式，在 W18Cr4V 高速钢和 WC-8%Co 硬质合金两种膜片基体上成功地制备出具有 TiN 型面心立方结构，并以 TiAlZrNb 合金膜为过渡层，Ti、Al、Zr、Nb 和 N 元素渐变分布的 (Ti, Al, Zr, Nb)N 多元梯度复合薄膜，沉积偏压控制在−100 ～ −200V 之间，可以获得稳定的成分及更高的硬度、界面结合和耐磨损性能。

(2) TiAlZrNb/(Ti, Al, Zr, Nb)N 多元梯度膜的 (Al+Zr+Nb)/(Ti+Al+Zr+Nb) 原子比值分别在 0.44~0.46 (W18Cr4V 膜片基体) 和 0.40~0.42 (WC-8%Co 膜片基体) 之间，当其比值分别约为 0.44 和 0.40 时，薄膜可以获得更高的硬度。

(3) TiAlZrNb/(Ti, Al, Zr, Nb)N 多元梯度膜具有较高的硬度，W18Cr4V 膜片基体上的薄膜硬度最高值可达到 $3700HV_{0.01}$，而 WC-8%Co 膜片基体上的薄膜硬度最高值可达到 $4000HV_{0.01}$。

(4) TiAlZrNb/(Ti, Al, Zr, Nb)N 多元梯度膜具有较高的膜/基结合力，W18Cr4V 膜片基体上的膜/基结合力最高值可达到 200N，而 WC-8%Co 膜片基体上的膜/基结合力最高值大于 200N。

(5) W18Cr4V 膜片基体上的 TiAlZrNb/(Ti, Al, Zr, Nb)N 膜磨损时的平均摩擦系数在 0.35~0.40 之间，而 WC-8%Co 硬质合金基体上的 TiAlZrNb/(Ti, Al, Zr, Nb)N 膜磨损时的平均摩擦系数在 0.30~0.40 之间。随着沉积偏压的增加，其耐磨损性能有所提高，而且 WC-8%Co 膜片基体略优于 W18Cr4V 膜片基体上薄膜的耐磨损性能。同时，TiAlZrNb/(Ti, Al, Zr, Nb)N 梯度膜具有比 (Ti, Al, Zr, Nb)N 单层膜和 (Ti, Al, Nb)N/(Ti, Al, Zr, Nb)N、NbN/(Ti, Al, Zr, Nb)N 双层膜更优的耐磨损性能。

11　膜片尺寸设计及应用分析

11.1　膜片开口尺寸设计

膜片开口部分是决定涂胶喷涂后形状的关键，膜片开口的大小直接影响着阻尼胶喷涂时的宽度和厚度尺寸。膜片在喷枪枪头中的位置如图11.1所示。将两个开口大小不同的膜片为一组进行阻尼胶喷涂，喷涂后的胶条由上下两层不同宽度且中心线重合的胶条构成。

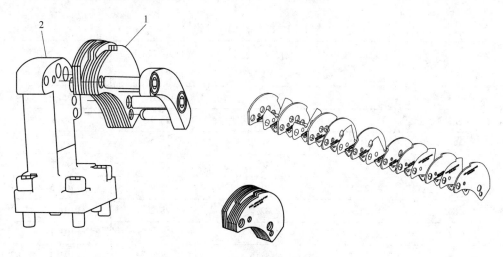

图 11.1　枪头结构示意图

1—胶口；2—输送通道

目前，已有两组开口尺寸膜片，可以分别喷涂出宽度为 40mm、55mm 和 62mm 的阻尼胶条。其中，膜片开口宽度数据为 21mm（上膜片）/26.3mm（下膜片），角度数据为 78°（上膜片）/94°（下膜片）的一组膜片可喷涂出宽度为 40mm 的胶条；膜片开口宽度数据为 24mm（上膜片）/29.5mm（下膜片），角度数据为 85°（上膜片）/107°（下膜片）的一组膜片可喷涂出宽度为 55mm 和 62mm 的胶条。因此，本实验针对膜片的开口宽度和角度尺寸进行了分组设计，以实现一组膜片可同时喷涂出 40mm、55mm 和 62mm 3 种宽度胶条的结果。其中，膜片开口宽度及角度的位置，如图 11.2 所示。一组膜片中的两个膜片开口大小不同，其中开口大的膜片称为下膜片；开口小的膜片称为上膜片，膜片开口尺寸设计数据见表11.1。

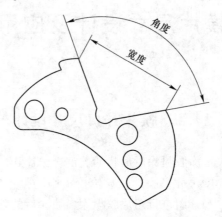

图 11.2 膜片开口位置示意图

表 11.1 膜片开口尺寸设计

分组	宽度（上膜片）/mm	角度（上膜片）/(°)	宽度（下膜片）/mm	角度（下膜片）/(°)
1	21.3	78.7	26.6	95.3
2	21.6	79.4	26.9	96.6
3	21.9	80.1	27.3	97.9
4	22.2	80.8	27.6	99.2
5	22.5	81.5	27.9	100.5
6	22.8	82.2	28.2	101.8
7	23.1	82.9	28.5	103.1
8	23.4	83.6	28.9	104.4
9	23.7	84.3	29.2	105.7
10	24.0	85.0	29.5	107.0

11.2 实 验 设 备

液态可喷涂阻尼胶采用机器人进行自动喷涂，因此机器人的承载力、灵活性和精度等性能至关重要。ABB 的 IRB-4400 型号机器人具有承载力大、刚性好、动作灵活、自重轻及位置精度高等优点，因此选用 ABB IRB-4400 型号机器人进行液态阻尼胶的实际喷涂测试，其机器人设备如图11.3所示。

图 11.3　ABB IRB-4400 型号机器人

11.3　膜片实际应用效果分析

在进行机器人喷涂测试时，首先将不同开口尺寸的膜片分别安装在枪头内，然后以一定的机器人运行参数和阻尼胶喷涂参数进行喷涂，然后针对胶条宽度和厚度尺寸进行数据分析。

将不同开口尺寸的膜片分别安装在枪头内进行机器人喷涂测试，针对胶条宽度和厚度尺寸进行数据分析。

11.3.1　机器人运行参数确定

在 ABB IRB-4400 型号机器人进行液态阻尼胶的喷涂测试过程中，机器人运行参数主要包括移动速率、喷涂距离和喷涂角度。根据所需不同的胶条宽度，即40mm、55mm 和 62mm 3 种胶条宽度，将机械手臂的主要运行参数分为 3 组，见表 11.2。

11.3.2　阻尼胶参数确定

在液态阻尼胶的喷涂过程中，除了需要确定机器人自身的运行参数，还需要确定阻尼胶在枪头中的参数。阻尼胶的参数主要包括阻尼胶材料的喷涂压力、流速、应用温度和黏度。根据所需不同的胶条宽度，即 40mm、55mm 和 62mm 3 种胶条宽度，将阻尼胶参数分为3组，见表11.3。

表11.2 ABB IRB-4400 型号机器人的运行参数

分组	移动速率/mm·s⁻¹	喷涂距离/mm	喷涂角度/(°)	胶条宽度/mm
1	550±50	20±5	0±5	40
2	800±50	40±5	0±5	55
3	800±50	50±5	0±5	62

表11.3 枪头内液态阻尼材料参数

分组	喷涂压力 /10⁵Pa	流速 /mL·s⁻¹	应用温度 /℃	黏度 /Pa·s	胶条宽度 /mm
1	55±25	42±15	35±1	2.4	40
2	115±25	80±15	35±1	2.4	55
3	120±25	92±15	35±1	2.4	62

液态隔音阻尼胶通过机器人设备自动喷涂至汽车内表面后，对喷涂出的胶条宽度和厚度尺寸进行测量。对于胶条的宽度测量，选用的测量工具是游标卡尺；对于胶条的湿层厚度进行测量，选用的测量工具是湿膜测量卡规；对于胶条干层厚度进行测量，选用的测量工具是涂层测厚仪。胶条外观尺寸的完整性会对阻尼材料的隔音降噪性能造成严重影响。因此，汽车生产中对液态阻尼胶喷涂后的宽度尺寸和厚度尺寸要求极其严格。如图11.4所示，两条宽度不同的胶条通过中心线重合叠加在一起，双层厚度为阻尼胶条的有效厚度值。液态隔音阻尼材料喷涂后的胶条宽度及厚度尺寸要求，见表11.4。

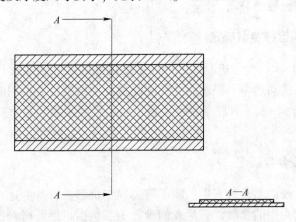

图 11.4 胶条形状

表 11.4　喷涂后胶条尺寸

分组	上膜片宽度 /mm	下膜片宽度 /mm	喷涂后厚度 /mm	胶条干层厚度 /mm
1	26±0.5	40±0.5	2.3±0.3	≤3.5
2	41±0.5	55±0.5	2.3±0.3	≤3.5
3	48±0.5	62±0.5	2.3±0.3	≤3.5

11.3.3　阻尼胶数据分析

测量不同开口尺寸膜片喷涂出的不同尺寸胶条的实际宽度和厚度值，并与标准值进行对比。其中，第 1、2、3 组膜片无法喷涂出宽度为 55mm 的胶条，第 9 组膜片无法喷涂出宽度为 40mm 的胶条。因此，针对第 4、5、6、7、8 组膜片进行进一步分析。将第 4、5、6、7、8 组的膜片进行多次喷涂，测量出胶条的宽度值和厚度值，并求出平均值与标准值对比。其中，干层厚度在 3.5mm 以下的胶条均符合尺寸要求。通过对胶条的各个外形尺寸对比可知，在液态隔音阻尼材料的喷涂中，能够喷涂出符合 40mm 胶条宽度标准尺寸的是第 5、6、7 组膜片，如图 11.5~图 11.7 所示；能够喷涂出符合 55mm 胶条宽度标准尺寸的是第 5、6、7 组膜片，如图 11.8~图 11.10 所示；能够喷涂出符合 62mm 胶条宽度标准尺寸的是第 6、7 组膜片，如图 11.11~图 11.13 所示。总体来说，第 6、7 组膜片可以实现喷涂出 3 种（即 40mm、55mm 和 62mm）宽度的胶条。对比第 6、7 组膜片喷涂后的胶条表面光滑度，可以看出第 6 组膜片的胶条表面更平滑，如图 11.14 所示。故采用宽度为 22.8mm（上膜片）/28.2mm（下膜片），角度为 82.2°（上膜片）/101.8°（下膜片）的第 6 组膜片进行喷涂液态阻尼胶效果最优。

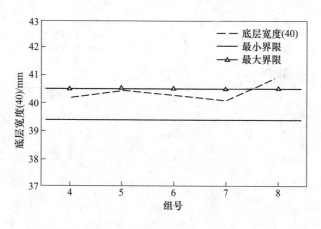

图 11.5　胶条实际宽度尺寸（40mm）示例 1

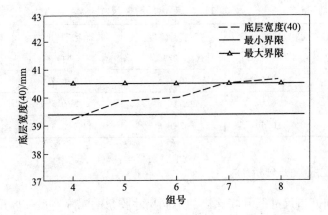

图 11.6   胶条实际宽度尺寸（40mm）示例 2

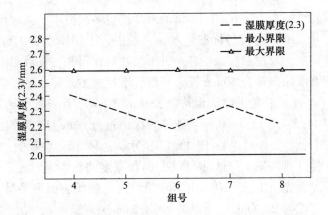

图 11.7   胶条实际宽度尺寸（40mm）示例 3

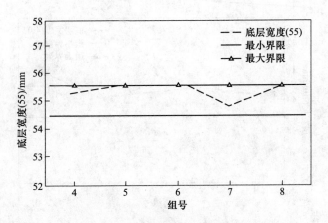

图 11.8   胶条实际宽度尺寸（55mm）示例 1

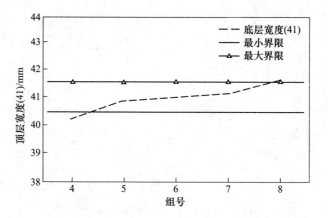

图 11.9　胶条实际宽度尺寸（55mm）示例 2

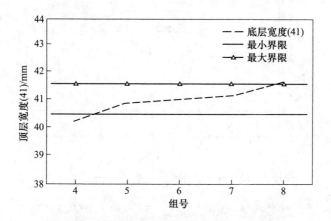

图 11.10　胶条实际宽度尺寸（55mm）示例 3

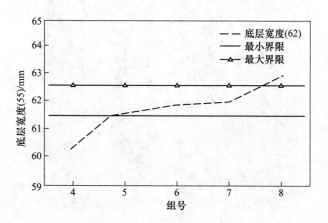

图 11.11　胶条实际宽度尺寸（62mm）示例 1

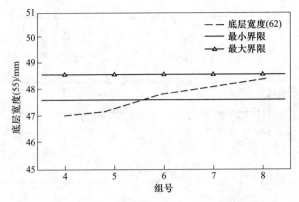

图 11.12　胶条实际宽度尺寸（62mm）示例 2

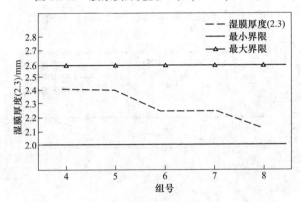

图 11.13　胶条实际宽度尺寸（62mm）示例 3

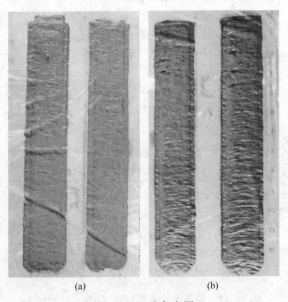

图 11.14　胶条实图

（a）第 6 组；（b）第 7 组

11.3.4　液态阻尼胶板应用

在实际生产过程中，液态阻尼胶板的应用要基于工艺需求及施工空间来选择合适的胶枪角度，同时还要考虑到产品的安装工艺性来确定起枪和收枪的位置，从而尽可能减少由于收枪出现残胶，从而影响下一工序的操作。胶条的排列与起枪、收枪安排，如图 11.15~图 11.24 所示。

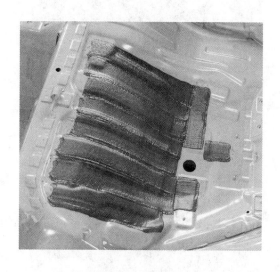

图 11.15　胶条排列组合示例 1

图 11.16　胶条排列组合示例 2

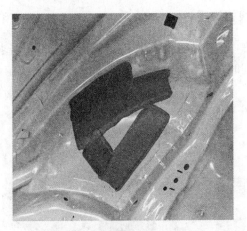

图 11.17 胶条排列组合示例 3

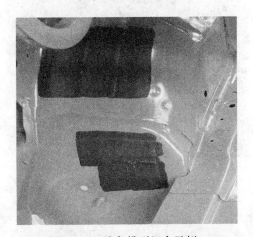

图 11.18 胶条排列组合示例 4

图 11.19 胶条排列组合示例 5

图 11. 20 胶条排列组合示例 6

图 11. 21 胶条排列组合示例 7

图 11. 22 胶条排列组合示例 8

图 11. 23 胶条排列组合示例 9

图 11. 24 胶条排列组合示例 10

11.4 本 章 小 结

阻尼胶的喷涂枪头膜片开口尺寸对其喷涂后的宽度和厚度尺寸有直接影响，故对膜片开口尺寸进行设计。选取开口宽度为 21～24mm（上膜片）/26.3～29.5mm（下膜片）、开口角度为 78°～85°（上膜片）/94°～107°（下膜片）的膜片，使其满足对喷涂后胶条的宽度和厚度使用性能要求。

设定 3 组机器人运行参数和液态阻尼胶参数，以达到胶条宽度分别为 40mm、55mm 和 62mm，并进行液态阻尼胶实际的喷涂及检测。

（1）喷涂胶条宽度为 40mm 的机器人运行参数和阻尼胶参数分别为：机械手臂移动速度为（550±50）mm/s、喷涂距离为（20±5）mm、喷涂角度为（0±5）°，

阻尼胶压力为 (55±25) bar (1bar = 10^5 Pa)、流速为 (42±15) mL/s、应用温度为 (35±1)℃、黏度为 2.4Pa·s。

(2) 喷涂胶条宽度为 55mm 的机器人运行参数和阻尼胶参数分别为: 机械手臂移动速度为 (800±50) mm/s、喷涂距离为 (40±5) mm、喷涂角度为 (0±5)°,阻尼胶压力为 (11.5±2.5) MPa、流速为 (80±15) mL/s、应用温度为 (35±1)℃、黏度为 2.4Pa·s。

(3) 喷涂胶条宽度为 62mm 的机器人运行参数和阻尼胶参数分别为: 机械手臂移动速度为 (800±50) mm/s、喷涂距离为 (50±5) mm、喷涂角度为 (0±5)°,阻尼胶压力为 (12±2.5) MPa、流速为 (92±15) mL/s、应用温度为 (35±1)℃、黏度为 2.4Pa·s。

将喷涂后的阻尼胶进行宽度和厚度的检测分析后, 可知膜片开口尺寸为宽度 22.8mm (上膜片)/28.2mm (下膜片)、角度 82.2° (上膜片)/101.8° (下膜片) 的膜片喷涂出的阻尼胶条使用性能最优。

12 研究综述与结论

12.1 研 究 综 述

根据阻尼胶喷涂枪头膜片的使用需求,选择 W18Cr4V 高速钢和 WC-8%Co 硬质合金作为膜片基体,在其表面进行 (Ti, Al, Zr, Nb) N 单层膜、 (Ti, Al, Nb) N/ (Ti, Al, Zr, Nb) N 双层膜、NbN/(Ti, Al, Zr, Nb) N 双层膜及 TiAlZrNb/(Ti, Al, Zr, Nb) N 梯度膜的涂镀处理,以提高膜片的力学性能,并对膜片进行轮廓尺寸分析设计,以提高膜片的使用性能。

首先,基于膜片高硬度和高耐磨性能的使用要求,将 W18Cr4V 高速钢和 WC-8%Co 硬质合金材料作为膜片基体,进行显微硬度及轮廓尺寸分析。W18Cr4V 高速钢和 WC-8%Co 硬质合金的硬度均达到膜片使用环境要求。利用二次元影像技术,分析出两种成分膜片基体的尺寸精度均满足膜片的基本精度要求。

其次,采用多弧离子镀技术,分别在 W18Cr4V 高速钢和 WC-8%Co 硬质合金膜片基体上涂镀 (Ti, Al, Zr, Nb) N 单层膜、 (Ti, Al, Nb) N/ (Ti, Al, Zr, Nb) N 双层膜、NbN/(Ti, Al, Zr, Nb) N 双层膜及 TiAlZrNb/(Ti, Al, Zr, Nb) N 梯度膜,并进行薄膜的成分、相结构、硬度、膜/基结合力和耐磨性能分析。研究结果得出,W18Cr4V 和 WC-8%Co 基体上的 4 种 Ti-Al-Zr-Nb 系复合硬质氮化膜均具有 TiN 型晶格结构;在不同沉积偏压条件下薄膜具有均匀的成分、一致的微观结构、优良的显微硬度、膜/基结合力及耐磨损性能。

最后,阻尼胶喷涂枪头膜片的轮廓开口尺寸是保证喷涂后阻尼胶条宽度和厚度的基础。针对膜片开口进行尺寸分组,制备出上膜片和下膜片合适的开口尺寸。设定 3 组机器人运行参数和液态阻尼胶参数,分别设计 3 组胶条宽度进行液态阻尼胶实际喷涂。将喷涂后的阻尼胶进行宽度和厚度的检测后,得出最优的膜片开口尺寸,使膜片喷涂出的胶条使用效果最优。

12.2 结 论

本书对喷涂液态阻尼胶的胶枪枪头膜片进行制备工艺研究,选定膜片基体的成分，制定膜片基体加工工艺，确定膜片表面镀膜工艺，并设计膜片开口尺寸以进行实际应用效果分析。

（1）选取 W18Cr4V 高速钢和 WC-8%Co 硬质合金两种高硬度和高耐磨性材料作为膜片基体材料。W18Cr4V 硬度可达到 $750HV_{0.025}$，而 WC-8%Co 硬度可达到 $1160HV_{0.025}$，两种膜片的尺寸精度均能达到 0.006mm，均符合小于 0.01mm 的精度要求。

（2）采用多弧离子镀技术，在 $W_{18}Cr_4V$ 高速钢和 WC-8%Co 硬质合金膜片上，制备出（Ti，Al，Zr，Nb）N 单层膜、（Ti，Al，Nb）N/（Ti，Al，Zr，Nb）N 和 NbN/（Ti，Al，Zr，Nb）N 双层膜、TiAlZrNb/（Ti，Al，Zr，Nb）N 梯度膜。

（3）四种 Ti-Al-Zr-Nb 系氮化物复合膜均具有 TiN 型晶体结构。$W_{18}Cr_4V$ 和 WC-8%Co 基体上复合膜硬度最高可达到 $3700\pm100HV_{0.01}$、$4000\pm100HV_{0.01}$，膜/基结合力最高可达到 200N、200N 以上，耐磨系数最低为 0.35~0.40、0.30~0.40 之间。

（4）设计膜片开口尺寸，选取开口宽度为 21~24mm（上膜片）/26.3~29.5mm（下膜片），开口角度为 78°~85°（上膜片）/94°~107°（下膜片）的膜片，使其满足对喷涂后胶条的宽度和厚度使用性能要求。

（5）设定 3 组机器人运行参数和液态阻尼胶参数，以达到胶条宽度分别为 40mm、55mm 和 62mm，并进行液态阻尼胶实际喷涂，检测后胶条的宽度和厚度满足尺寸标准值要求。

（6）选取 WC-8%Co 硬质合金膜片作为基体，表面镀 TiAlZrNb/（Ti，Al，Zr，Nb）N 梯度膜，膜片开口尺寸为宽度 22.8mm（上膜片）/28.2mm（下膜片），角度 82.2°（上膜片）/101.8°（下膜片）的膜片为阻尼胶喷涂枪头的最优膜片。

附录

附录 A   计算机模拟技术

A.1   计算机模拟技术概述

A.1.1   计算机模拟技术特点

计算机模拟技术相对于传统理论和实验方法具有突出的特点：

（1）计算机模拟技术比传统理论方法更适合研究复杂体系。同时计算机模拟方法可以对模型和实验进行比较，从而提供了一个评估模型正确与否的手段。

（2）计算机模拟技术比传统实验省钱省时。传统实验设备投资巨大，建设周期长，准备实验也要相当大的人力、物力和时间，而用计算机来做"实验"就简单得多。

（3）计算机模拟技术比传统实验有更大的自由度和灵活性，它不存在实验中的测量误差和系统误差，也没有测试探头的干扰问题，可以自由选取参数。

（4）在传统实验很困难甚至不能进行的场合，仍可以进行计算机模拟技术。

如上所述，计算机模拟技术有自己鲜明的优点，但是绝不能认为它可以包罗一切去替代其他方法。计算机模拟方法现在已经成为许多学科中重要的工具。除了提到的计算机模拟相对于传统理论和实验方法所具有的特点之外，计算机模拟方法还有另外一个优点：它可以沟通理论和实验，某些量或行为无法或很难在实验中测量时，可用计算机模拟的方法将这个量计算出来。计算机模拟和理论、实验现在已经成为三大独立而又紧密联系的研究手段，实验的结果和理论可以相互促进和指导，而计算机模拟以理论为基础，可以用来验证理论、指导实验，可作为实验和理论的补充和桥梁关系，研究方法关系如图 A.1 所示。

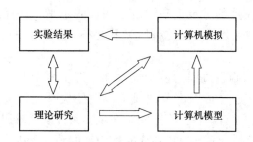

图 A.1　研究方法关系

A.1.2　材料加工工艺的计算机模拟技术

材料加工工艺的计算机模拟技术就是在材料加工的理论指导下，通过数值模拟和物理模拟，用计算机动态模拟材料的加工过程，预测实际工艺条件下材料的最后成分、组织、性能和质量，进而实现加工工艺的优化设计。

基于知识的材料加工工艺模拟技术是使材料加工工艺从经验试错走向科学指导的重要手段，是材料科学与制造科学的前沿领域和研究热点。根据美国科学研究院工程技术委员会的测算，模拟技术可提高产品质量 5～15 倍、增加材料出品率 25%、降低工程技术成本 13%～30%、降低人工成本 5%～20%、增加投入设备 30%～60%、缩短产品设计和试制周期 30%～60%、增加分析问题广度和深度的能力达 3～3.5 倍等。

计算机模拟技术已广泛应用于材料加工领域。计算机模拟技术在材料加工中的应用，使材料加工工艺从定性描述走向定量预测的新阶段；为材料的加工及新工艺的研制提供理论基础和优选方案；从传统的经验试错法（test and error method），推进到以知识为基础的计算试验辅助阶段；对于实现批量小、质量高、成本低、交货期短、生产柔性、环境较好的未来制造模式具有非常重要的意义。

1989 年，美国在调查分析了工业部门对材料的需求之后，编写出版了《90年代的材料科学与工程》报告，对材料的计算机分析与模型化做了比较充分的论述，认为现代理论和计算机技术的结合，使得材料科学工程的性质正在发生变化，计算机分析与模型化的进展，将使材料科学从定性描述逐渐进入定量描述的阶段。

近 10 年来，材料设计或材料的计算机模拟与模型化日益受到重视，究其原因主要有以下几点：

（1）现代计算机的速度、容量和易操作性空前提高。几年前在数学计算、数据分析中还认为无法解决的问题，现在已经有可能加以解决；而且计算机处理能力还将进一步发展和提高。

（2）科学测试仪器的进步提高了定量测量的水平，并提高了丰富的实验数据，为理论设计提供了条件。在这种情况下更需要借助计算机技术研究理论与实验资料。

（3）材料研究和制备过程的复杂性增加，许多复杂的物理、化学过程需要计算机模拟和计算，这样可以部分地或全部地替代既耗资又费时的复杂实验过程，节省人力物力。更有甚者，有些实验在现实条件下是难以实施的或无法实施的，但理论分析和模拟计算却可以在无实物消耗的情况下提供信息。

（4）以原子、分子为起始物进行材料合成，并在微观尺度上控制其结构，是现代先进材料合成技术的重要发展方向，例如分子束外延、纳米粒子组合、胶体化学方法等，所以计算机模拟是重要方法。

A.2　多弧离子镀计算机模拟技术的研究现状及发展趋势

多弧离子镀的计算机模拟技术是在多弧离子镀技术和材料加工工艺的模拟技术二者的基础上发展起来的，虽然它真正成型时间很短，但是其相关理论的基础研究工作已经有很久的历史了。

A.2.1　利用多弧离子镀技术制备涂层的研究历程

多弧离子镀技术自出现以来，始终以研究 TiN 涂层为主。近几年来，随着工艺的不断发展完善，多弧离子镀技术已经在很多的领域获得应用。该技术可以沉积金属的氮化物涂层、金属的氧化物涂层、金属的碳化物涂层、金属涂层和合金涂层等。国外相关的研究结果与进展主要集中在二元合金涂层的制备工艺上。

随着现代科技的迅猛发展，机械加工自动化程度的不断提高，要求具有更加优良综合性能的涂层。

多弧离子镀技术制备涂层已经从单一的金属反应涂层（第一代反应涂层）发展到具有一定综合性能的二元合金反应涂层（第二代反应涂层），并向多元合金复合反应涂层（第三代反应涂层）的方向发展。研究和开发多元合金和多层、梯度复合涂层来更进一步改善涂层的综合使用性能是该领域的研究热点。

目前对于多元反应涂层的研究尚处于初级阶段，纵向的研究很缓慢，横向的研究宽度还不够。二元反应涂层如 (Ti，Al)N、(Ti，Zr)N 等研究很充分，但三元的反应涂层如 (Ti，Al，Zr)N、(Ti，Al，Cr)N、(Ti，Al，Si)N、(Ti，Al，Nb)N、(Ti，Al，Zr，Nb)N 等研究还没有完整的成果，对于多元和多层、梯度反应涂层制备技术的反应机理、影响因素的研究还不够充分，所以还在不断进行之中。

多弧离子镀技术在各种要求的镀膜应用中，有着巨大的潜力，其发展前景是非常乐观的。

A.2.2　模拟技术的研究历程及发展趋势

A.2.2.1　研究历程

材料加工工艺的模拟技术研究开始于铸造过程，这是因为铸件凝固过程温度场模拟计算相对简单。1962 年，丹麦人 Forsund 首次采用计算机及有限差分法进行铸件凝固过程的传热计算，继丹麦人之后，美国在 20 世纪 60 年代中期在美国国家科学基金会（NSF）资助下，开拓进行大型铸钢件温度场的数值模拟研究。进入 20 世纪 70 年代后，更多的国家（我国从 20 世纪 70 年代末期开始）加入这个研究行列，并从铸造逐步扩展到锻压、焊接、热处理。在全世界形成一个材料加工工艺模拟的研究热潮。在最近十几年来召开的材料加工各专业的国际会议上，该领域的研究论文数量居各类论文的首位；另外从 1981 年开始，每两年还专门召开一届铸造和焊接过程的计算机数值模拟国际会议，至今已举办八届。近一二十年来，模拟技术不断向广度、深度扩展。

在多弧离子镀的计算机模拟研究中，目前主要集中在薄膜生长过程的研究，而对镀膜的整个制备过程尚未做出研究。随着合金元素的增加，涂层合金成分控制和沉积过程的反应控制也变得相对困难，甚至有时合金元素的作用也难以直接考察。精确复合涂层的成分控制往往是实现综合性能提高的最重要条件，所以利用计算机来对多弧离子镀的镀膜过程进行模拟，从定性描述逐渐进入定量半定量描述的阶段。

A.2.2.2　发展趋势

近一二十年来，材料加工工艺模拟技术不断向广度、深度扩展，其发展历程及发展趋势有以下 7 个方面：

（1）模拟的尺度由宏观到中观再到微观，向小尺度发展。

材料加工工艺模拟的研究工作已普遍由建立在温度场、速度场、变形场基础上的旨在预测形状、尺寸、轮廓的宏观尺度模拟（米量级）进入以预测组织、结构、性能为目的的中观尺度模拟（毫米量级）及微观尺度模拟阶段，研究对象涉及结晶、再结晶、重结晶、偏析、扩散、气体析出、相变等微观层次，甚至达到单个枝晶的尺度。

（2）模拟的功能由单一分散到多种耦合，向集成方向发展。

模拟功能已由单一的温度场、流场、应力/应变场、组织场模拟普遍进入耦合集成阶段。包括：流场—温度场；温度场—应力/应变场；温度场—组织场；应力/应变场—组织场等之间的耦合，以真实模拟复杂的实际加工过程。

（3）研究工作的重点和前沿由共性通用问题转向难度更大的专用特性问题。

由于建立在温度场、流场、应力/应变场数值模拟基础上的常规材料加工，特别是铸造、冲压、铸造工艺模拟技术的日益成熟及商业化软件的不断出现，研究工作已由共性通用问题转向难度更大的专用特性问题。主要解决特种材料加工工艺模拟及工艺优化问题及材料加工工件的缺陷消除问题。

（4）重视提高数值模拟精度和速度的基础性研究。

数值模拟是模拟技术的重要方法，提高数值模拟的精度和速度是当前数值模拟的研究热点，为此非常重视基础理论、新的数理模型、新的算法、前后处理、精确的基础数据获得与积累等基础性研究。

（5）重视物理模拟及精确测试技术。

物理模拟揭示工艺过程本质，得到临界判据，检验、校核数值模拟结果的有力手段，越来越引起研究工作者的重视。

（6）在并行环境下，工艺模拟与生产系统其他技术环节实现集成，成为先进制造系统的重要组成部分。起初，工艺模拟多是孤立进行的，其结果只用于优化工艺设计本身，且多用于单件小批量毛坯件生产。近年来，已逐步进入大量生产的先进制造系统中。

（7）以商业软件为基础，以提高研究与普及应用相结合。

随着计算机模拟技术的日益成熟及更多实用化模拟软件的开发应用，计算机模拟技术会普遍应用于材料加工的各个工艺过程，并将发挥越来越大的作用。

附录 B 膜片镀膜程序编制

B.1 模拟内容

模拟内容如下：

（1）在一定假设的基础上，首先把合金源靶上带电粒子的蒸发从宏观和微观方面进行模拟。

（2）然后对圆柱形镀膜室-偏压电场进行模拟，通过坐标系来反映电场强度的分布及粒子在偏压电场内运动的情况。

（3）进而研究偏压电场中不同带电粒子的运动特性。

（4）最后对带电粒子在基片上的吸附过程进行模拟。

B.2 软件介绍

本软件采用了 Visual C++语言编写，设计了精美的软件界面，采用了大量的对话框、消息框、工具栏和状态栏，有利于提醒软件用户在使用软件时正确输入参数，以及告知用户软件运行的情况等，结构简单，操作方便。

本软件以全新的方法从定量、半定量的角度细致地描述了多弧离子镀沉积的全过程，其结果与实际情况是较为一致的。它对于探索多弧离子镀中带电粒子在电场中的运动具有一定意义。

B.3 程序语言介绍

B.3.1 面向对象的程序设计

面向对象的程序设计（Object-Oriented Programming，OOP）是将数据及数据的操作相结合，作为一个相互依存、不可分割的整体来处理。它采用数据抽象和信息隐藏技术，将对象及对象的操作抽象成一种新的数据类型——类，同时考虑不同对象之间的联系和对象类的重用性，概括为"对象+消息=面向对象的程序"。

OOP 立意于创建软件重用代码，具备更好地模拟现实世界环境的能力，这使它被公认为是自上而下编程的优胜者。它通过给程序中加入扩展语句，把函数"封装"进 Windows 编程所必需的"对象"中。面向对象的编程语言使得复杂的工作条理清晰、编写容易。

面向对象技术近年来发展迅速，它被广泛地应用到计算机研究与应用的各个方面，如文件处理、操作系统设计、多媒体技术、网络与数据库开发等。用面向对象技术进行程序设计、开发软件已经成为一种时尚。这种技术从根本上改变了人们以往设计软件的思维方式，从而使程序设计者可以最大限度地摆脱烦琐的数据格式和冗长的研发过程，将精力集中在对要处理对象的设计和研究上，大大提高了软件开发的效率。

B.3.2 Visual C 语言介绍

本设计将采用 Visual C 语言来实现模拟过程。

Visual C++应用程序是采用 C++语言编写的。C++语言在 C 语言的基础上进行了改进与扩充，是一种面向对象的程序设计语言。它是目前最主要的应用开发系统之一。

Visual C 语言不仅是 C 语言的集成开发环境，而且与 W32 紧密相连，所以利用 Visual C 语言可以完成各种各样的程序开发，范围从底层软件直到上层直接面向用户的软件。而且 Visual C 语言是一个很好的可视化编程工具，能很好地对软件开发阶段的可视化和对计算机图形技术等方法进行应用。结合 Visual C 语言在图形处理、函数调用、过程控制中的优秀点，用图形和动画进行了合理的模拟，把镀膜过程形象地展现出来。

B.3.3 程序设计基本步骤

程序设计方法包括三个基本步骤。

第一步：分析问题。

（1）确定输出的变量。

（2）确定输入的变量。

（3）研制一种算法，从有限步的输入中获取输出。这种算法定义为结构化的顺序操作，以便在有限步内解决问题。就数字问题而言，这种算法包括获取输出的计算；但对非数字问题来说，这种算法包括许多文本和图像处理操作。

第二步：画出程序的基本轮廓。

在这一步中，要用一些句子（伪代码）来画出程序的基本轮廓。每个句子对应一个简单的程序操作。对一个简单的程序来说，通过列出程序顺序执行的动作，便可直接产生伪代码。然而，对复杂一些的程序来说，则需要将大致过程有条理地进行组织，对此应使用自上而下的设计方法。实际上就是说，设计程序是从程序的"顶部"开始一直考虑到程序的"底部"。

（1）主模块的设计。当使用自上而下的设计方法时，要把程序分割成几段来完成。列出每段要实现的任务，程序的轮廓也就有了，这称之为主模块。当一项任务列在主模块时，仅用其名加以标识，并未指出该任务将如何完成，这方面的内容留给程序设计的下一阶段来讨论。将程序分为几项任务只是对程序的初步设计。

（2）子模块的设计。如果把主模块的每项任务扩展成一个模块，并根据子任务进行定义的话，那么程序设计就更为详细了，这些模块称为主模块的子模块。程序中许多子模块之间的关系归结为一张图，这种图称为结构图。

子模块求精要画出模块的轮廓，可不考虑细节。如果这样的话，必须使用子模块，将各个模块求精，达到第三级设计。继续这一过程，直至说明程序的全部细节。这一级一级的设计过程称为逐步求精法。在编写程序之前，对程序进行逐步求精，是很好的程序设计实践，可养成良好的设计习惯。

第三步：实现该程序。

（1）编写源码程序。

（2）测试和调试程序。

（3）提供数据打印结果 。

程序设计的最后一步是编写。在这一步，把模块的伪代码翻译成 VC++语句。对于源程序，应包含注释方式的文件编制，以描述程序各个部分做何种工作。此外，源程序还应包含调试程序段，以测试程序的运行情况，并允许查找编程错误。一旦程序运行情况良好，可去掉调试程序段。然而，文件编制应作为源程序的固定部分保留下来，便于后期的维护和修改。

B.4　系统框架

图 B.1 所示为系统框架。

B.5　系统流程

图 B.2 所示为系统流程。

B.6　算法流程

图 B.3 所示为粒子蒸发（宏观、微观）模型流程。

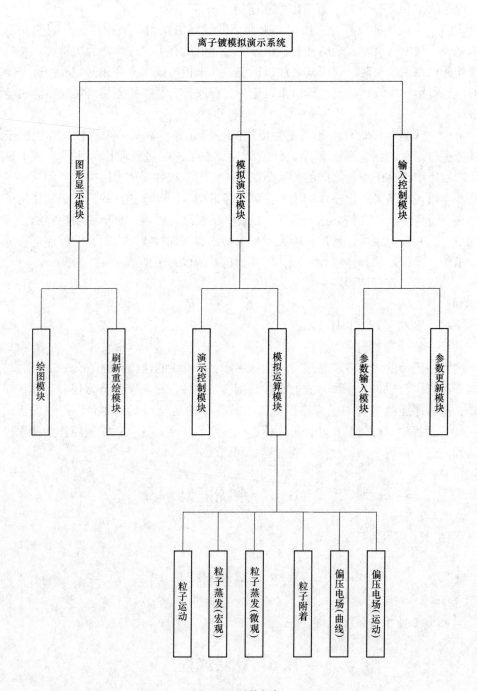

图 B.1 系统框架

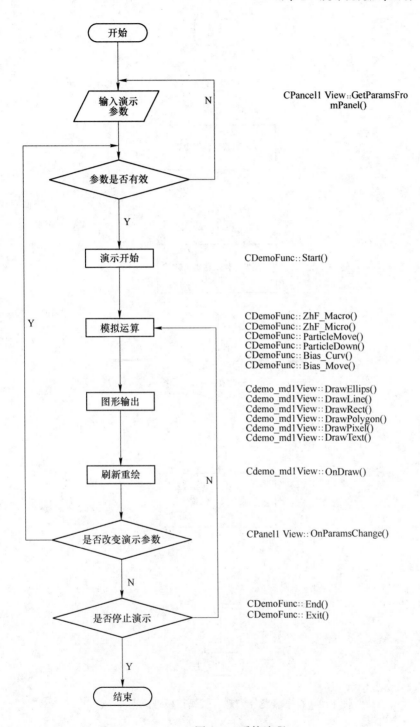

图 B.2　系统流程

(各个演示模块的流程图都类似，右边的注释是与图中模块相对应的函数名)

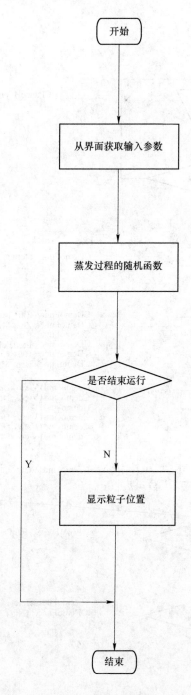

图 B.3 粒子蒸发（宏观、微观）模型流程

图 B.4 所示为粒子运动模型流程。

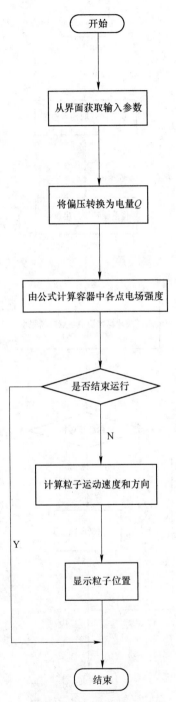

图 B.4　粒子运动模型流程

图 B.5 所示为偏压电场分布流程。

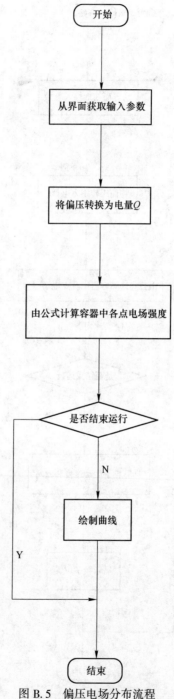

图 B. 5　偏压电场分布流程

图 B. 6 所示为粒子在偏压电场下运动流程。

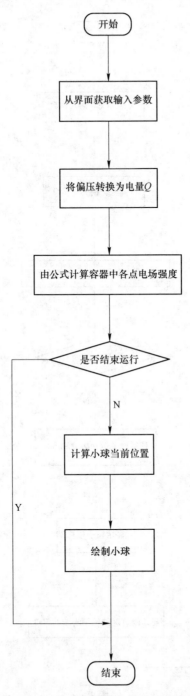

图 B.6 粒子在偏压电场下运动流程

图 B.7 所示为粒子吸附模型流程。

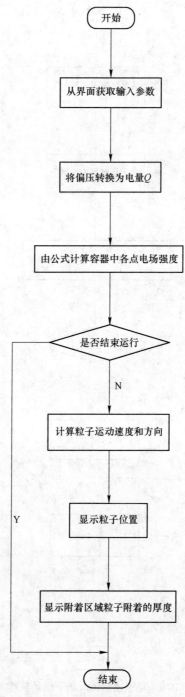

图 B.7 粒子吸附模型流程

附录 C　膜片镀膜程序代码

C.1　蒸发宏观过程模块程序代码

扫一扫看更清楚

```
void CDemoFunc ::ZhF_Macro( int en,int mu,int db,int le,
                int dd, int xx, int r1, int l1,
                struct ab * name, int kk)
{

    m_csParamsChange.Unlock( ); lock is set in DoDemoFunc( ).


#define PP 80
#define BUFLEN 8000


int r,l,dx,dy,c,d,k,i,j,a,x1,y1,x2,y2;
float lr,pr;
char t,ttt = 0;
double v,k1,s[4][5],as1,ds1,vv,v1,b1;
float   * dr, * dl, * da, * vx, * vy, * vz;
char   * lie, * nx;
double ez,ep,ez1,ep1,ez2,ep2,ez3,ep3,ez4,ep4,el,rx,vyy;
float n[4][10],nn;
```

```
char chr[20];
int x,y,ff,key=0;
if((dr=(float * )malloc(BUFLEN * sizeof(float)))= =NULL)
{return;}
if((dl=(float * )malloc(BUFLEN * sizeof(float)))= =NULL)
{return;}
if((da=(float * )malloc(BUFLEN * sizeof(float)))= =NULL)
{return;}
if((vx=(float * )malloc(BUFLEN * sizeof(float)))= =NULL)
{return;}
if((vy=(float * )malloc(BUFLEN * sizeof(float)))= =NULL)
{return;}
if((vz=(float * )malloc(BUFLEN * sizeof(float)))= =NULL)
{return;}
if((lie=(char * )malloc(BUFLEN * sizeof(char)))= =NULL)
{return;}
if((nx=(char * )malloc(BUFLEN * sizeof(char)))= =NULL){re-
turn;}
ff=0;


for(c=0;c<4;c++)for(d=0;d<10;d++) n[c][d]=0;
for(i=0;i<4;i++)for(a=0;a<5;a++) s[i][a]=0;


lr=(float)l1/r1;el=l1/2;rx=r1 * r1;
for(r=0;(r<=400)&&((1.414 * r+lr * r)<=400);r++);
r--;l=lr * r;pr=(float)r1/r * 1.0;
v1=(double)r1 * db * PI * le/10000;
```

```
dx = 480-r;

dy = 440-0.707*r-l/2;

x2 = -l/2;

y2 = x2-0.707*r;


/*
PaintBox1->Canvas->Ellipse(dx-r,dy-x2-r*0.707,dx+r,dy-
x2+r*0.707);
    PaintBox1->Canvas->Ellipse(dx-r,dy+x2-r*0.707,dx+r,dy+
x2+r*0.707);
    PaintBox1->Canvas->Pen->Color=clGray;
    PaintBox1->Canvas->MoveTo(dx,dy+y2);
    PaintBox1->Canvas->LineTo(dx,dy-y2);
    line(dx,dy+y2,dx,dy-y2);
    PaintBox1->Canvas->MoveTo(dx+r,dy+x2);
    PaintBox1->Canvas->LineTo(dx+r,dy-x2);
    line(dx+r,dy+x2,dx+r,dy-x2);
    PaintBox1->Canvas->MoveTo(dx-r,dy+l/2);
    PaintBox1->Canvas->LineTo(dx-r,dy-l/2);
    line(dx-r-80,dy+l/2,dx-r-80,dy-l/2);
    */

x1 = (int)(dy-(dd/pr-le/pr/2));
    y1 = (int)(dy-(dd/pr+le/pr/2));
    /*
PaintBox1->Canvas->Pen->Color=clBlue;
    PaintBox1->Canvas->MoveTo(480,x1);
```

```
PaintBox1->Canvas->LineTo(480,y1);

line(480,x1,480,y1);

*/


SetCanDraw();


/*

DrawEllipse(0xf6,0x28,0x1e0,0xcd,DEMOCOLOR_STATIC1);

DrawEllipse(0xf6,0x112,0x1e0,0x1b7,DEMOCOLOR_STATIC1);

DrawLine(0x1e0,0x7b,0x1e0,0x165,DEMOCOLOR_STATIC1);

DrawLine(0xf6,0x165,0xf6,0x7b,DEMOCOLOR_STATIC1);

DrawLine(0x1e0,0xc1,0x1e0,0x92,DEMOCOLOR_STATIC1);

DrawLine(0x16b,0x29,0x16b,0x1b7,DEMOCOLOR_STATIC1);

*/


DrawLine(dx+r,dy+x2,dx+r,dy-x2,DEMOCOLOR_STATIC1);

DrawEllipse(dx-r,dy-x2-r*0.707,dx+r,dy-x2+r*0.707,DEMO-
COLOR_STATIC1);

DrawEllipse(dx-r,dy+x2-r*0.707,dx+r,dy+x2+r*0.707,DEMO-
COLOR_STATIC1);

DrawLine(dx-r,dy+l/2,dx-r,dy-l/2,DEMOCOLOR_STATIC1);

DrawLine(dx,dy+y2,dx,dy-y2,DEMOCOLOR_STATIC1);中轴线。


for(i=0;i<BUFLEN;i++){*(lie+i)=1;}


while(StopDemoLoop()==TRUE){

for(c=0;c<xx;c++)
```

```
{生成各种准备溢出的元素粒子。
g_pDemo->m_csParamsChange.Lock();
en=g_pDemo->m_demoparams.panel_params.en;
g_pDemo->m_csParamsChange.Unlock();


v=en/mu;
v=v-name[c].bo;
v=v/(double)name[c].ato;
if(v<0)continue;
if(v<3.2){v=v*(double)10000;b1=100;}
else {if(v<320)
{v=v*(double)100;b1=10;}
        else b1=1;}
y=(int)v;
k1=0.00000001;
if(y>=1)
k1=(double)mu*name[c].co/1000.0*v1;  v1=(double)r1*db*
PI*le/10000;
k=(int)(k1+s[c][d]);
s[c][d]=s[c][d]+(double)k1-k;


i=0;
double b;
for(a=0.5;a<k;){若元素符合溢出条件,则生成准备溢出的粒子,生成
                的粒子总数最多为 BUFLEN 个。
    for(b=0.5;b<k1;){
        if(i==BUFLEN){
```

```
        if(dr) free(dr);
        if(dl) free(dl);
        if(da) free(da);
        if(vx) free(vx);
        if(vy) free(vy);
        if(vz) free(vz);
        if(lie) free(lie);
        if(nx) free(nx);
        AfxMessageBox("OverRun!");
        return;
    }


if(! *(lie+i)){i++;continue;}
  a++;
b++;


if((int)(v+1)>1)
        *(vx+i)=(float)random((int)(v+1));
else *(vx+i)=0;


if((int)(v-*(vx+i))>1)
        *(vy+i)=(float)random((int)(v-*(vx+i)+1));
else *(vy+i)=0;
*(vz+i)=(float)(v-*(vx+i)-*(vy+i));


if( *(vz+i)<0)
    *(vz+i)=0;
```

```
    *(vx+i)=-sqrt((double)*(vx+i));

    if(random(2))
        *(vy+i)=sqrt((double)*(vy+i));else *(vy+i)=
-sqrt((double)*(vy+i));
    if(random(2))
        *(vz+i)=sqrt((double)*(vz+i));else *(vz+i)=
-sqrt((double)*(vz+i));
    *(vx+i)/=b1;
    *(vy+i)/=b1;
    *(vz+i)/=b1;
    *(nx+i)=c;
    *(lie+i)=0;
    *(dr+i)=r1;
    *(dl+i)=random(le+1)-le/2+dd;
    *(da+i)=random(db+1)-db/2;
```

以 FN 的概率生成点。

```
{
    double cosa;
    unsigned int n;

    FN( *(vx+i), *(vy+i), *(vz+i), cosa, 2);

    if (cosa > 0.00003)
    {
        n=rand();
```

```
                    if(n >= ((double)RAND_MAX * cosa))  以概率 a 决定
                                                         点的去留。
            {
                    b--;
                    a--;
                    continue;
            }
        }
        else    生成点速度接近 90 度,丢弃。
            {
                    b--;
                    a--;
                    continue;
            }
        }
    *(lie+i)= 0;
    as1 =(double) *(dr+i) * cos((double) *(da+i) * PI)/pr+dx;
    ds1 =(-(double) *(dl+i)/pr+ *(dr+i) * sin((double) *(da+
i) * PI)/pr * 0.707)+dy;
    putpixel((int)as1,(int)ds1,13- *(nx+i));
```

nx+i 中存放第 i 个粒子对应的元素序号,13- *(nx+i)得到显示该种
元素的粒子所用的颜色。故有几种元素就用几种颜色来显示。

```
    PaintBox1->Canvas->Pixels[(int)as1][(int)ds1]=clYel-
low;
    DrawPixel((int)as1, (int)ds1, DEMOCOLOR_CURRENT);


    HDC hdc =GetDC(m_hWnd);
```

```
    if (hdc)
    }

        COLORREF c =::GetPixel(hdc, (int)as1, (int)ds1);
        if ((c&0x00ffffff)= =DEMOCOLOR_INVAL ||
(c&0x00ffffff)= =DEMOCOLOR_TRACE)
```

{若是 INVAL 或 TRACE 则画点,INVAL 表示未画,TRACE 表示画过点的痕迹。

```
        :: SetPixel ( hdc, ( int ) as1, ( int ) ds1, DEMOCOLOR _
CURRENT);0x00bbggrr

            }

        }

    ReleaseDC(m_hWnd, hdc);
    COLORREF color =GetPixel((int)as1, (int)ds1);
    if ((c&0x00ffffff)= =DEMOCOLOR_INVAL ||(c&0x00ffffff)= =
DEMOCOLOR_TRACE)
    if (( color&0x00ffffff )! = DEMOCOLOR _ STATIC1 && ( col-
or&0x00ffffff)! =DEMOCOLOR_STATIC2)
        DrawPixel((int)as1, (int)ds1,
    name[ * (nx+i)].color/* DEMOCOLOR_CURRENT * /);


    i++;
}for(b=0.5;b<k1;)


}for(c=0;c<xx;c++)
```

生成各种准备溢出的元素粒子。生成粒子的性质保存在 x,vy,vz,dr,dl, da 几个数组中;lie[i]表示第 i 个粒子是否溢出,nx[i]表示第 i 个粒子所属的元素种类。

```
for(i＝0;i<BUFLEN;i++) {开始描绘已溢出粒子的运动。
    if( * (lie+i)) lie+i 中的值若为 1,则表示该粒子未溢出。
        continue;
    if(kk){
        as1＝(double) * (dr+i) * cos((double) * (da+i) * PI)/
pr+dx;

    ds1＝(-(double) * (dl+i)+(double) * (dr+i) * sin((double) *
(da+i) * PI) * 0.707)/pr+dy;
        PaintBox1->Canvas->Pixels[(int)as1][(int)ds1]＝
clTeal;
        DrawPixel((int)as1, (int)ds1, DEMOCOLOR_TRACE);
        HDC hdc＝GetDC(m_hWnd);
        if (hdc)
        {
            COLORREF c =:: GetPixel(hdc, (int)as1, (int)
ds1);
            if ((c&0x00ffffff)==0x00ffffff ||
(c&0x00ffffff)==0x000000ff)
            if ((c&0x00ffffff)==DEMOCOLOR_CURRENT)
            {若是蓝色则画点,否则不画。蓝色表示已画过点的痕迹。
                :: SetPixel ( hdc, (int) as1, (int) ds1,
DEMOCOLOR_TRACE); 0x00bbggrr
            }
        }
        ReleaseDC(m_hWnd, hdc);
        COLORREF color=GetPixel((int)as1, (int)ds1);
```

```
        if ((c&0x00ffffff)= =DEMOCOLOR_CURRENT)

            if ((color&0x00ffffff)! =DEMOCOLOR_STATIC1 &&

        (color&0x00ffffff)! =DEMOCOLOR_STATIC2)

                DrawPixel((int)as1, (int)ds1, DEMOCOLOR_TRACE);

        }
```

else{若不连线,则在轨迹上画 DEMOCOLOR_INVAL。

```
        as1=(double)*(dr+i)*cos((double)*(da+i)*PI)/
pr+dx;


    ds1=(-(double)*(dl+i)+(double)*(dr+i)*sin((double)*
(da+i)*PI)*0.707)/pr+dy;

        HDC hdc=GetDC(m_hWnd);

        if (hdc)

        {

                COLORREF c=::GetPixel(hdc, (int)as1, (int)
ds1);


                if ((c&0x00ffffff)= =DEMOCOLOR_CURRENT)
```

{若是蓝色则画点,否则不画。蓝色表示已画过点的痕迹。

```
                ::SetPixel(hdc, (int)as1, (int)ds1, DEMOCOLOR_
INVAL); 0x00bbggrr

                }

        }

        ReleaseDC(m_hWnd, hdc);

        COLORREF color=GetPixel((int)as1, (int)ds1);

        if ((c&0x00ffffff)= =DEMOCOLOR_CURRENT)

        if ((color&0x00ffffff)! =DEMOCOLOR_STATIC1 &&
```

```
(color&0x00ffffff)! =DEMOCOLOR_STATIC2)
        DrawPixel((int)as1,(int)ds1,DEMOCOLOR_INVAL);
    }


    as1=(double)*(dr+i)*cos((double)*(da+i)*PI)+*(vx+
i);
    ds1=(double)*(dr+i)*sin((double)*(da+i)*PI)+*(vz+
i);
    *(dl+i)=*(dl+i)+*(vy+i);
    vv=sqrt((double)(ds1*ds1+as1*as1));
    *(dr+i)=(float)vv;
    *(da+i)=(float)asin((double)ds1/vv)*IP;
    if(as1<0){
        if(*(da+i)>0)
        *(da+i)-=180;else *(da+i)+=180;}
    if(*(dr+i)>=r1||*(da+i)>=90||*(da+i)<=-90||*(dl+
i)>=l1/2||*(dl+i)<=-l1/2)
        *(lie+i)=1;
    else{
        as1=(double)*(dr+i)*cos((double)*(da+i)*PI)/
pr+dx;
    ds1=(-(double)*(dl+i)+(double)*(dr+i)*sin((double)*
(da+i)*PI)*0.707)/pr+dy;
        PaintBox1->Canvas->Pixels[(int)as1][(int)ds1]=
clBlue;
        DrawPixel((int)as1,(int)ds1,DEMOCOLOR_CUR-
RENT);
```

```
        HDC hdc =GetDC(m_hWnd);
        if(hdc)
        {
                COLORREF c =::GetPixel(hdc,(int)as1,(int)
ds1);
                if((c&0x00ffffff)= =DEMOCOLOR_INVAL ||
(c&0x00ffffff)= =DEMOCOLOR_TRACE)
```

{若是 INVAL 或 TRACE,则画点,INVAL 表示未画,TRACE 表示画过点的痕迹。

```
                ::SetPixel(hdc,(int)as1,(int)ds1,
DEMOCOLOR_CURRENT); 0x00bbggrr
                }
        }
        ReleaseDC(m_hWnd, hdc);
        COLORREF color =GetPixel((int)as1,(int)ds1);
    if((c&0x00ffffff)= =DEMOCOLOR_INVAL ||(c&0x00ffffff)
= =DEMOCOLOR_TRACE)
                if((color&0x00ffffff)! =DEMOCOLOR_STATIC1 &&
(color&0x00ffffff)! =DEMOCOLOR_STATIC2)
                DrawPixel((int)as1,(int)ds1,name[ * (nx+i)].col-
or /* DEMOCOLOR_CURRENT * /);


        }
    } for(i =0;i<BUFLEN;i++)


}        /* while(1) * /
```

```
ResetCanDraw();

if(dr) free(dr);

if(dl) free(dl);

if(da) free(da);

if(vx) free(vx);

if(vy) free(vy);

if(vz) free(vz);

if(lie) free(lie);

if(nx) free(nx);


#undef PP

#undef BUFLEN

}
```

C.2 蒸发微观过程模块程序代码

扫一扫看更清楚

```
void CDemoFunc::ZhF_Micro(int ene, int dea, int kin, struct
ab * me)
```

{虽然 me 是指向全局变量的指针,但主进程不会修改 me 指向的内容,所以这里直接使用。

```
m_csParamsChange.Unlock(); lock is set in DoDemoFunc().
#define PP 80
```

```
#define BUFLEN 16000

int *autx,*auty,*autz,*autxv,*autyv,*autzv,*autdd;
char *autm,*autlie;
int z,a,o,i,j,b,c=0,jj,rr,dd;
int ent,q,col,vv,key=0;
float k,r,ener,s[5],s2;
float aa;
int sum=0,sum1,s1[5];
double v0,v1;
if((autx=(int *)malloc(BUFLEN*sizeof(int)))==NULL)return;
if((auty=(int *)malloc(BUFLEN*sizeof(int)))==NULL)return;
if((autz=(int *)malloc(BUFLEN*sizeof(int)))==NULL)return;
if((autxv=(int *)malloc(BUFLEN*sizeof(int)))==NULL)return;
if((autyv=(int *)malloc(BUFLEN*sizeof(int)))==NULL)return;
if((autzv=(int *)malloc(BUFLEN*sizeof(int)))==NULL)return;
if((autm=(char *)malloc(BUFLEN*sizeof(char)))==NULL)return;
if((autlie=(char *)malloc(BUFLEN*sizeof(char)))==NULL)return;
if((autdd=(int *)malloc(BUFLEN*sizeof(int)))==NULL)re-
```

```
turn;
    s2 = dea;
    for(i = 0;i<5;i++){s[i] = 0;s1[i] = 0;}


    /*
    PaintBox1->Canvas->Pen->Color = clGray;
    PaintBox1->Canvas->Rectangle(450, 8, 499, 341);
    bar(450,8,499,341);
    PaintBox1->Canvas->Rectangle(450, 100, 499, 250);
    bar(450,100,499,250);
    PaintBox1->Canvas->Pen->Color = clBlue;
    PaintBox1->Canvas->MoveTo(450,100);
    PaintBox1->Canvas->LineTo(450,250);
    line(450,100,450,250);
    PaintBox1->Canvas->Rectangle(450, 8, 499, 341);
    bar(450,8,499,341);
    PaintBox1->Canvas->Rectangle(450, 100, 499, 250);
    bar(450,100,499,250);
    PaintBox1->Canvas->MoveTo(450,100);
    PaintBox1->Canvas->LineTo(450,250);
    line(450,100,450,250);
    */


    memset(autx, 0, sizeof(BUFLEN * sizeof(int)));
    memset(auty, 0, sizeof(BUFLEN * sizeof(int)));
    memset(autz, 0, sizeof(BUFLEN * sizeof(int)));
    memset(autxv, 0, sizeof(BUFLEN * sizeof(int)));
```

```
memset(autyv,0,sizeof(BUFLEN*sizeof(int)));

memset(autzv,0,sizeof(BUFLEN*sizeof(int)));

memset(autdd,0,sizeof(BUFLEN*sizeof(int)));

memset(autm,0,sizeof(BUFLEN*sizeof(char)));


col=4;

for(i=0;i<BUFLEN;i++){autlie[i]=0;}

o=0;

c=me[0].ato;

for(i=1;i<kin;i++){

        if (c<me[i].ato)c=me[i].ato;

}


PaintBox1->Canvas->Pen->Color=clYellow;

PaintBox1->Canvas->Rectangle(10,50,30,150);


c=sqrt(dea)*sqrt(c);if(c<1)c=1;

if(c>100)c=100;

ent=0;ener=ene/dea;

b=c+510;

b=ene/300+510;

unsigned long archvNum=0;

unsigned int thick=30;


DrawRect(449,8,449+30,100,DEMOCOLOR_STATIC1,1);画发出粒
```
子的那一条边的上半部。

```
DrawRect(449,250,449+30,341,DEMOCOLOR_STATIC1,1);画发出
```

粒子的那一条边的下半部。

DrawRect(449,100,449+30,250,DEMOCOLOR_STATIC2,2);画发出粒子的区域。

```
SetCanDraw();

while(StopDemoLoop()= =TRUE){

g_pDemo->m_csParamsChange.Lock();
ene=g_pDemo->m_demoparams.panel_params.en;
c=g_pDemo->m_demoparams.panel_params.num_mu;
```
这里仅是利用 num_mu 来指示速度的改变,用其他变量也可;
num_mu 的值已在调用本函数时传入,故改写无妨。
```
g_pDemo->m_csParamsChange.Unlock();
c=sqrt(dea)*sqrt(c);
if(c<1)c=1;
if(c>100)c=100;
ener=ene/dea;
b=c+510;
b=ene/300+510;

   sum1=-1;

for(i=0;i<=sum;i++){
        if(autlie[i]==0) continue;
        sum1=i;
        if
```

```
((autx[i]<=1000)||(auty[i]<=850)||(autx[i]>23000)||
(auty[i]>=16700)||(autz[i]<-2500)||(autz[i]>2500))
                autlie[i]=0;
}
j=-1;
for(jj=0;jj<kin;jj++){if((ener-me[jj].bo)<0)continue;
v0=25*(ener-me[jj].bo)/me[jj].ato;if(v0<1)continue;
if(v0>32000){b=(int)(v0/100);dd=10000;}else
if(v0<0.032){b=(int)(v0*1000000);dd=1;}else
if(v0<3.2){b=(int)(v0*10000);dd=10;} else
if(v0<320){b=(int)(v0*100);dd=100;}else{b=(int)v0;dd
=1000;}

if(b==0)continue;
(float)s[jj]=s[jj]+s2*me[jj].co/100-s1[jj];
(int)s1[jj]=s[jj];
for(i=0;i<s1[jj];i++){j++;
if(j>=BUFLEN-1 ||j<0){
free(autx);
free(auty);
free(autz);
free(autxv);
free(autyv);
free(autzv);
free(autm);
free(autlie);
free(autdd);
```

```
getch();
AfxMessageBox("OverRun!");
return;}
if(autlie[j]==1){i--;continue;}
auty[j]=(random(150)+100)*50;
autx[j]=450*50;
autz[j]=(random(100)-50)*50;
autlie[j]=1;
autm[j]=jj;
autdd[j]=dd;
autxv[j]=random(b+2);
if((b-autxv[j]+1)>0)
autyv[j]=random(b-autxv[j]+1);
else autyv[j]=0;
if( autyv[j]<0)
autyv[j]=0;
autzv[j]=b-autyv[j]-autxv[j];
if(autzv[j]<0) autzv[j]=0;
autxv[j]=-(int)(sqrt((double)autxv[j]));
autyv[j]=(int)(sqrt((double)autyv[j]));
autzv[j]=(int)(sqrt((double)autzv[j]));
if(random(2)==0) autyv[j]=-autyv[j];
if(random(2)==0) autzv[j]=-autzv[j];
```

以 FN 的概率生成点。

```
    {
        double cosa;
```

```
        unsigned int n;


        FN(autxv[j], autyv[j], autzv[j], cosa, 2);


        if (cosa > 0.00003)
        {
            n=rand();
            if (n >= ((double)RAND_MAX * cosa))  以概率 a 决定点
的去留。
            {
                i--;
                j--;
                continue;
            }
        }
        else    生成点速度接近 90 度,丢弃。
        {
            i--;
            j--;
            continue;
        }
    }
    autlie[j]=1;


}for(i=0;i<s1[jj];i++)
}for(jj=0;jj<kin;jj++)
if(sum1<j)sum1=j;
```

```
sum=sum1;

o=(++o)%2;

PaintBox1->Canvas->Pen->Color=clRed;

PaintBox1->Canvas->Rectangle(11,8,449,341);

DrawRect(11, 8, 449, 341, DEMOCOLOR_STATIC1);
```

可以起到刷新屏幕的作用,清除了原来粒子运动的痕迹。

```
DrawRect(449, 8, 449+30, 100, DEMOCOLOR_STATIC1, 1);
```

画发出粒子的那一条边的上半部。

```
DrawRect(449, 250, 449+30, 341, DEMOCOLOR_STATIC1, 1);
```

画发出粒子的那一条边的下半部。

```
DrawRect(449, 100, 449+30, 250, DEMOCOLOR_STATIC2, 2);
```

画发出粒子的区域。

```
bar(11,8,449,341);

for(i=0;i<=sum;i++){

if(autlie[i]==0) continue;

if(me[autm[i]].ato<128){

if(me[autm[i]].ato<54){

if(me[autm[i]].ato<16)r=0;else r=1;}else r=2;}

else if(me[autm[i]].ato<250)r=3;else r=4;


(int)rr=r+(float)r*autz[i]/2500.0;


qi(*(autx+i)/50,*(auty+i)/50,0,rr,5-*(autm+i));

qi(autx[i]/50,auty[i]/50,0,rr,DEMOCOLOR_CURRENT2);

if (kin == 1)

    DrawEllipse(autx[i]/50-rr,auty[i]/50-rr,autx[i]/50+rr,auty[i]/50+rr,
```

```
    /*me[autm[i]].color*/DEMOCOLOR_CURRENT1,1);
else
    DrawEllipse(autx[i]/50-rr,auty[i]/50-rr,autx[i]/50+
rr,auty[i]/50+rr,
    me[autm[i]].color/*DEMOCOLOR_CURRENT2*/,1);
    /*
    if(*(autx+i)/50<295)


    PaintBox1->Canvas->Ellipse(*(autx+i)/50-rr,*(auty+
i)/50-rr,*(autx+i)/50+rr,*(auty+i)/50+rr);
    if(*(autx+i)/50<=(thick+10) && *(autx+i)/50>=thick &&
*(auty+i)/50>=50 && *(auty+i)/50<=150){
        archvNum++;
        if(archvNum>=100 && thick <=295){
            archvNum=0;
            thick+=1;
        }
    }
PaintBox1->Canvas->Pen->Color=clYellow;
PaintBox1->Canvas->Rectangle(10,50,30,150);
PaintBox1->Canvas->Pen->Color=clRed;
PaintBox1->Canvas->Rectangle(30,50,thick,150);
    */


aa=autx[i]+(float)autdd[i]*autxv[i]*c/1000.0;
if(aa>23000||aa<1000) autlie[i]=0;else
{autx[i]=aa;
```

```
aa=auty[i]+(float)autdd[i]*autyv[i]*c/1370.0;
if(aa>=16700||aa<850)autlie[i]=0;else
{auty[i]=aa;
aa=autz[i]+(float)autdd[i]*autzv[i]*c/1000.0;
if(aa>2500||aa<-2500)autlie[i]=0;else
autz[i]=aa;}}


}for(i=0;i<=sum;i++)
Sleep(100);
}


ResetCanDraw();

free(autx);
free(auty);
free(autz);
free(autxv);
free(autyv);
free(autzv);
free(autm);
free(autlie);
free(autdd);
#undef PP
#undef BUFLEN

}
```

C.3 偏压电场分布曲线模块程序代码

扫一扫看更清楚

```
void CDemoFunc::_Bias_Curv(int u, int r, int l, int x0, int y0)
{

    int x10, xm;

    double xx;

    int ox10, oxm;


    g_pDemo->m_csParamsChange.Lock();

    x10 = g_pDemo->m_demoparams.panel_params.x10;

    xm = g_pDemo->m_demoparams.panel_params.xm;

    ox10 = m_demoparams.panel_params.ox10;

    oxm = m_demoparams.panel_params.oxm;

    g_pDemo->m_csParamsChange.Unlock();

    if (ox10==x10 && oxm==xm)
    {

        g_pDemo->m_csParamsChange.Unlock();

        return;

    }

    m_demoparams.panel_params.ox10 = x10;

    m_demoparams.panel_params.oxm = xm;


    double ** aa = m_demoparams.panel_params.aa;
```

```
            g_pDemo->m_csParamsChange.Unlock();
            ASSERT(aa);
            xx = xm+1;
            int i;
            for (i=0; i<x10; i++)
            {
                xx *= 10;
            }
            GETZOOMX(x10, xm, xx);


            do
            { pro4(int u,int r,int 1,int x0,int y0,double aa[200]
[4])

            #define PP 0.000008975
                int i,j,ii;
                double lr,q,q1,q2,dx,dy,rr,r1,11,x,y;
                double ez,ep,ez1,ep1,ez2,ep2,ez3,ep3,ez4,ep4,
el,rx;
                r1=r/1000.0;11=1/1000.0;
                x=x0/1000.0;y=y0/1000.0;
                lr=(double)11/r1;
                q=2.0*3.1415926*8.85*0.000000000001*11*(float)u/
log(r1/10);
                q1=u/2/(1+lr);q2=q-q1-q1;
                rx=(double)1.0*r1*r1;el=(double)1.0*11/2;
                for(j=0;j<2;j++) {
                    if(j==0)rr=r1/100.0;
```

```
else rr=11/200.0;
for(ii=-99;ii<=99;ii++){
    if(j==0){dy=1.0*y;dx=1.0*ii*rr;}
    else{dy=1.0*ii*rr;dx=1.0*x;}
    dx=fabs(dx);
ep1=q1*(double)dx/((dy+el)*(dy+el)+4*rx)/sqrt((dy+
el)*(dy+el)+rx*4);
ep2=q1*(double)dx/((dy-el)*(dy-el)+4*rx)/sqrt((dy-
el)*(dy-el)+4*rx);
            ep3=dx*q2/el/2/rx*((el-2*dy)/sqrt
((el-2*dy)*(el-2*dy)+4*rx));
ep3=ep3+dx*q2/el/2/rx*((el+2*dy)/sqrt((el+2*dy)*
(el+2*dy)+4*rx));
            if(dx!=0){
ep4=q/11/(double)dx*((el-2*dy)/sqrt((el-2*dy)*(el-2
*dy)+dx*dx));
            ep4=ep4+q/11/(double)dx*((el+2*
dy)/sqrt((el+2*dy)*(el+2*dy)+dx*dx));
            }
            else ep4=0;
            dx=fabs(dx);
ez1=q1*(dy+el)/((dy+el)*(dy+el)+rx)/sqrt((dy+el)*(dy+
el)+rx)*(1-dx/r1);
ez1=ez1+(double)dx*q1/r1*2*(dy+el)/((dy+el)*(dy+el)+
4*rx)/sqrt((dy+el)*(dy+el)+4*rx);
ez2=q1*(dy-el)/((dy-el)*(dy-el)+rx)/sqrt((dy-el)*(dy-
el)+rx)*(1-dx/r1);
```

```
    ez2 = ez2+(double)dx * q1 / r1 * 2 * (dy-el) / ((dy-el) * (dy-el) +
4 * rx) / sqrt((dy-el) * (dy-el)+4 * rx);
    ez3 = (1-dx/r1) * q2 / l1 * (1 / sqrt((el-2 * dy) * (el-2 * dy) +
rx)-1 / sqrt((el+2 * dy) * (el+2 * dy)+rx));
    ez3 = ez3+dx * q2 * 2 / r1 / l1 * (1 / sqrt((el-2 * dy) * (el-2 * dy) +
4 * rx)-1 / sqrt((el+2 * dy) * (el+2 * dy)+4 * rx));
        if((el-2 * dy) * (el-2 * dy)+dx * dx! = 0&&(el+2 * dy) * (el+
2 * dy)+dx * dx! = 0)
    ez4 = q / l1 * (1 / sqrt((el-2 * dy) * (el-2 * dy)+dx * dx)-1 / sqrt
((el+2 * dy) * (el+2 * dy)+dx * dx));
    else ez4 = 0;
    ez = ez1+ez2+ez3-ez4 ep = ep1+ep2-ep3-ep4;


                if(j == 0)
                    if(ii>0)
                        aa[ii+99][2 * j] = 0.1 * ep * PP;
                    else aa[ii+99][2 * j] = -0.1 * ep * PP;
                else if(x0<0)
                    aa[ii+99][2 * j] = -0.1 * ep * PP;
                else
                    aa[ii+99][2 * j] = 0.1 * ep * PP;
                    aa[ii+99][1+2 * j] = 0.1 * ez * PP;

            }

        }

        #undef PP

    } while(0);
```

```
            int l1 = 1, r1 = r;
            do
            { drawline(double aa[200][4],double xx,int l1,int
r1) 画坐标轴。
                int i,j,k,k1;
                char ss[40];
                double point0,point1;


                int x0, y0, xm, ym;
                HDC hdc;
                SIZE s;
                POINT p;
                hdc = ::GetDC(m_hWnd);
                ASSERT(hdc);
                for(i=0;i<4;i++){
        setviewport(22+245*(i%2),15+230*(i/2),242+245*(i%2),235+
230*(i/2),1);
                x0 = 22+245*(i%2);
                y0 = 15+230*(i/2);
                xm = 242+245*(i%2);
                ym = 235+230*(i/2);
                hdc = ::GetDC(m_hWnd);
                ASSERT(hdc);
                ::SetViewportOrgEx(hdc,22+245*(i%2),15+230
*(i/2),&p);
                ::SetViewportExtEx(hdc,242+245*(i%2),235+230*
(i/2),&s);
```

```
        setfillstyle(1,7);
        bar(0,0,219,220);
        setcolor(4);
        line(0,110,220,110);
        line(110,0,110,220);
        DrawLine(0+x0, 110+y0, 220+x0, 110+y0,
0x00000000); x轴。
        DrawLine(110+x0, 0+y0, 110+x0, 220+y0,
0x00000000); y轴。
        DrawLine(0, 110, 220, 110, 0x00000000);
        DrawLine(110, 0, 110, 220, 0x00000000);
        dr(199,110,20,6,4,2);
        dr(110,22,20,6,4,1);
    POINT pt[]={{220+x0,110+y0}, {220+x0-6,110+y0+
2}, {220+x0-6,110+y0-2}};
        DrawPolygon(pt, 3, 0x000000ff, 1); x轴箭头。
    POINT pt1[] = {{110+x0,0+y0}, {110+x0-2,0+y0+6}, {110+
    x0+2,0+y0+6}};
        DrawPolygon(pt1, 3, 0x000000ff, 1); y轴箭头。
        DrawRect(199+x0, 110+y0, 199+x0+20, 110+x0+6,
0x000000ff);
        DrawRect(110+x0, 22+y0, 110+x0+20, 22+y0+6,
0x000000ff);

        setcolor(1);
        for(j=1;j<199;j++) {
```

```
point0 = xx * aa[j-1][i];
if(point0>30000 || point0<-30000) continue;
k = (int)point0;
point1 = xx * aa[j][i];
if(point1>30000 || point1<-30000) continue;
k1 = (int)point1;
line(10+j,110-k,11+j,110-k1);
if (11+x0+j>x0 && 11+x0+j<xm && 110+y0-k1>y0 && 110+
y0-k1<ym &&
    10+x0+j>x0 && 10+x0+j<xm && 110+y0-k>y0 && 110+
y0-k<ym)
    {
    DrawLine(10+x0+j, 110+y0-k, 11+x0+j, 110+y0-k1,
0x00000000);

    DrawLine(10+j, 110-k, 11+j, 110-k1,
0x00000000);

        }
    DrawLine(10+x0+j, 110+y0-k, 11+x0+j, 110+y0-k1,
0x00000000);

        }

    setcolor(0);
    if(i==0) {
    outtextxy(200,95,"x");
    outtextxy(85,15,"Ex  +100");
    outtextxy(85,200,"   -100");
    DrawText(200+x0, 95+y0, "x", strlen("x"));
```

```
            DrawText(85+x0, 15+y0, "Ex  +100", strlen("Ex
+100"));

            DrawText(85+x0, 200+y0, "    -100", strlen("
-100"));

            sprintf(ss,"-% dmm",r1);
            char ss[30];
            ::sprintf(ss, "-% dmm", r1);
            outtextxy(5,115,ss);
            DrawText(5+x0, 115+y0, ss, strlen(ss));
            ::sprintf(ss,"+% d",r1);
            outtextxy(180,115,ss);
            DrawText(180+x0, 115+y0, ss, strlen(ss));
        }


    if(i==1) {
            outtextxy(200,95,"x");
            outtextxy(85,15,"Ey  +100");
            outtextxy(85,200,"    -100");
            sprintf(ss,"-% dmm",r1);
            outtextxy(5,115,ss);
            sprintf(ss,"+% d",r1);
            outtextxy(180,115,ss);

            DrawText(200+x0, 95+y0, "x", strlen("x"));
            DrawText(85+x0, 15+y0, "Ey  +100", strlen("Ey
+100"));

            DrawText(85+x0, 200+y0, "    -100", strlen("
```

```
-100"));
                char ss[30];
                ::sprintf(ss, "-% dmm", r1);
                DrawText(5+x0, 115+y0, ss, strlen(ss));
                ::sprintf(ss,"+% d",r1);
                DrawText(180+x0, 115+y0, ss, strlen(ss));
            }


        if(i==2) {
                outtextxy(200,95,"y");
            outtextxy(85,15,"Ex  +100");
            outtextxy(85,200,"    -100");
            sprintf(ss,"-% dmm",11/2);
            outtextxy(5,115,ss);
            sprintf(ss,"+% d",11/2);
            outtextxy(180,115,ss);

            DrawText(200+x0, 95+y0, "y", strlen("y"));
            DrawText(85+x0, 15+y0, "Ex  +100", strlen("Ex
+100"));
            DrawText(85+x0, 200+y0, "  -100", strlen("-100"));
            char ss[30];
            ::sprintf(ss, "-% dmm", 11/2);
            DrawText(5+x0, 115+y0, ss, strlen(ss));
            ::sprintf(ss,"+% d",11/2);
            DrawText(180+x0, 115+y0, ss, strlen(ss));
            }
```

```
if(i==3) {
    outtextxy(200,95,"y");
    outtextxy(85,15,"Ey  +100");
    outtextxy(85,200,"   -100");
    sprintf(ss,"-% dmm",11/2);
    outtextxy(5,115,ss);
    sprintf(ss,"+% d",11/2);
    outtextxy(180,115,ss);


    DrawText(200+x0, 95+y0, "y", strlen("y"));
    DrawText(85+x0, 15+y0, "Ey  +100", strlen("Ey
+100"));

    DrawText(85+x0, 200+y0, "   -100", strlen("
-100"));

    char ss[30];
    ::sprintf(ss, "-% dmm", 11/2);
    DrawText(5+x0, 115+y0, ss, strlen(ss));
    ::sprintf(ss,"+% d",11/2);
    DrawText(180+x0, 115+y0, ss, strlen(ss));
    }


    ::SetViewportOrgEx(hdc,p.x,p.y,NULL);
    ::SetViewportExtEx(hdc,s.cx,s.cy,NULL);
    ::ReleaseDC(m_hWnd, hdc);
    }

    setviewport(0,0,639,479,1);
```

```
::ReleaseDC(m_hWnd, hdc);


} while(0);


/*

CRect rc;

::GetClientRect(m_hWnd, &rc);

::InvalidateRect(m_hWnd, &rc, FALSE);

*/
```

C.4　偏压电场内运动模块程序代码

扫一扫看更清楚

```
void CDemoFunc::Bias_Move(int e,int m,int d,int q,int vx,int
vy,BOOL trace)
{
    int tt, c, dd;


    m_csParamsChange.Unlock(); lock is set in DoDemoFunc().
    tt 为速度控制,范围 0~1000。
/*

PaintBox1->Canvas->Pen->Color = clBlue;

PaintBox1->Canvas->Pen->Mode = pmXor;

PaintBox1->Canvas->Rectangle(10,240-d/2,500,240+d/
2);
```

```
*/


    tt = 900;c=0;dd=0;

    m_csParamsChange.Lock();

    m_bCanRedraw = TRUE;

    m_csParamsChange.Unlock();

    while(StopDemoLoop()= = TRUE){

     double s1, s2;

/*

     g_ pDemo->m_csParamsChange.Lock();

       tt = g_ pDemo->m_demoparams.panel_ params.num_mu;
```

在粒子蒸发的微观显示中用 num_ mu 调整输出速度，为保持一致这里也同样处理。

```
     g_ pDemo->m_csParamsChange.Unlock();

*/

    for( int t=0; StopDemoLoop()= =TRUE; t++) {

       s1=-(double)vy*t+t*t*e*q/2.0/m*6.02/10;

       s2=(double)vx*t;


       g_ pDemo->m_csParamsChange.Lock();

       tt = g_ pDemo->m_demoparams.panel_ params.num_mu;
```

在粒子蒸发的微观显示中用 num_ mu 调整输出速度，为保持一致这里也这样做。

```
       g_ pDemo->m_csParamsChange.Unlock ();


     if (s1> (d/2-15) || s1< (-d/2+15) )

     {Sleep (3000-3*tt); break;}
```

```
if (s2>410 || s2<-50)
{Sleep (3000-3*tt); break;}


c=s2+70; dd=s1+240;    小球初始坐标 (70,240)。


if (c! =0 || dd! =0) {
      /*擦除原来的痕迹*/
        qi (c, dd, 0, 10, 0x00ff00);
if (trace <= 0)
{

    POINT p = {0, 240-d/2};
    SIZE s = {800, d};重绘小球运动的区域，其他区域不变。
    CRect rc (p, s);
    Refresh (&rc);能清除掉原来的痕迹。

}
}


DrawEllipse (c-10, dd-10, c+10, c+10,0x0000ff00);
qi (c, dd, 0, 10, DEMOCOLOR_CURRENT2);
Sleep (1000-tt);
}
}


m_ csParamsChange.Lock ();
m_ bCanRedraw = FALSE;
m_ csParamsChange.Unlock ();

}
```

C.5 粒子运动模块程序代码

扫一扫看更清楚

```
void CDemoFunc::ParticleMove(int en, int mu, int db, int le,
int dd, int u, double danu, int xx, int r1, int l1, int lh, int l1,
int dh, ab1 *name, int kk)
{
m_csParamsChange.Unlock(); lock is set in DoDemoFunc().

#define PP  0.018
#define BUFLEN 8000


int r,l,dx,dy,c,d,k,i,j,a,x1,y1,x2,y2;
float lr,q,q1,q2,pr;
char t,ttt=0,dw;
double v,k1,s[4][5],as1,ds1,vv,v1,b1;
float  *dr,*dl,*da,*vx,*vy,*vz;
char  *va,*lie,*nx;
double ez,ep,ez1,ep1,ez2,ep2,ez3,ep3,ez4,ep4,el,rx,vyy;
float n[MAXELEMS][10],nn = 0;
char chr[20];
int x,y,ff,key=0;


CPoint cp;
```

```
    if(en<0)en=0;
    if(u<0)u=0;


    if((dr=(float *)malloc(BUFLEN*sizeof(float)))==NULL)
{return;}
    if((dl=(float *)malloc(BUFLEN*sizeof(float)))==NULL)
{return;}
    if((da=(float *)malloc(BUFLEN*sizeof(float)))==NULL)
{return;}
    if((vx=(float *)malloc(BUFLEN*sizeof(float)))==NULL)
{return;}
    if((vy=(float *)malloc(BUFLEN*sizeof(float)))==NULL)
{return;}
    if((vz=(float *)malloc(BUFLEN*sizeof(float)))==NULL)
{return;}
    if((va=(char *)malloc(BUFLEN*sizeof(char)))==NULL){re-
turn;}
    if((lie=(char *)malloc(BUFLEN*sizeof(char)))==NULL)
{return;}
    if((nx=(char *)malloc(BUFLEN*sizeof(char)))==NULL){re-
turn;}
    ff=0;


    for(c=0;c<4;c++)for(d=0;d<10;d++) n[c][d]=0;
    for(i=0;i<4;i++)for(a=0;a<5;a++) s[i][a]=0;
    lr=(float)1.0*l1/r1;el=l1/2;rx=1.0*r1*r1;
```

```
    q=2.0*3.1415926*8.85*0.000000000001*ll*(float)u/log
(r1/10);


    q1=0.5*u/(1+lr);q2=q-q1-q1; q2=ll*u/(ll+r1); q1=r1*
u/(2*(ll+r1))
    for(r=0;(r<=300)&&((1.414*r+lr*r)<=400);r++);
    r--;l=lr*r;pr=(float)1.0*r1/r;
    v1=(double)1.0*r1*db*PI*le/10000;
    dx=480-r;
    dy=440-0.707*r-l/2;
    setcolor(15);
    x2=-l/2;
    y2=x2-0.707*r;
    x1=(int)(dy-(dd/pr-le/pr/2));
    y1=(int)(dy-(dd/pr+le/pr/2));


    for(i=0;i<BUFLEN;i++){*(lie+i)=1;}


    SetCanDraw();


    DrawEllipse(dx-r,dy+x2-r*0.707,dx+r,dy+x2+r*0.707,DEMO-
COLOR_STATIC1);
    DrawEllipse(dx-r,dy-x2-r*0.707,dx+r,dy-x2+r*0.707,DEMO-
COLOR_STATIC1);
    DrawLine(dx+r,dy+x2,dx+r,dy-x2,DEMOCOLOR_STATIC1);
```

```
    int x0=180,y0=0,xm=dx-1,ym=dy+1/2+0.707*r;
    DrawEllipse(dx-180-r+x0,dy+x2-r*0.707+y0,dx-180+r+x0,
dy+x2+r*0.707+y0,DEMOCOLOR_STATIC1);
    DrawEllipse(dx-180-r+x0,dy-x2-r*0.707+y0,dx-180+r+x0,
dy-x2+r*0.707+y0,DEMOCOLOR_STATIC1);
    DrawLine(dx-r-180+x0,dy+1/2+y0,dx-r-180+x0,dy-1/2+y0,
DEMOCOLOR_STATIC1);
    DrawLine(480,x1,480,y1,DEMOCOLOR_STATIC1,3);源靶。
    DrawEllipse(dx-11/pr,dy+(-dh+11/2)/pr-11/pr*0.707,dx+
11/pr,dy+(-dh+11/2)/pr+11/pr*0.707,DEMOCOLOR_STATIC2);
    DrawEllipse(dx-11/pr,dy+(-dh-11/2)/pr-11/pr*0.707,dx+
11/pr,dy+(-dh-11/2)/pr+11/pr*0.707,DEMOCOLOR_STATIC2);
    DrawLine(dx+11/pr,dy+(-dh-11/2)/pr,dx+11/pr,dy+(-dh+
11/2)/pr,DEMOCOLOR_STATIC2);
    DrawEllipse(dx-11/pr,dy+(-dh+11/2)/pr-11/pr*0.707,dx+
11/pr,dy+(-dh+11/2)/pr+11/pr*0.707,DEMOCOLOR_STATIC2);
    DrawEllipse(dx-11/pr,dy+(-dh-11/2)/pr-11/pr*0.707,dx+
11/pr,dy+(-dh-11/2)/pr+11/pr*0.707,DEMOCOLOR_STATIC2);
    DrawLine(dx-11/pr,dy+(-dh-11/2)/pr,dx-11/pr,dy+(-dh+
11/2)/pr,DEMOCOLOR_STATIC2);
    DrawLine(dx,dy+y2,dx,dy-y2,0x00000000);中轴线。
    /*这前面是绘制容器和焊件*/

    while(StopDemoLoop()==TRUE){
    while(1){
        extern CDemoFunc* g_pDemo;
        g_pDemo->m_csParamsChange.Lock();
```

```
        en = g_ pDemo->m_demoparams.panel_ params.en;

        u = g_ pDemo->m_demoparams.panel_ params.vot_u;

        g_ pDemo->m_csParamsChange.Unlock();


    for(c=0;c<xx;c++)
    for(d=0;d<=name[c].yy;d++) {
        v=(double)((double)en/mu-name[c].bo)/name
[c].ato;
        if(v<0)continue;
        if(v<3.2){
            v=v*(double)10000;b1=100;
        }else if(v<320){
            v=v*(double)100;b1=10;
        }else b1=1;


        y=(int)v;
        k1=0.0000000000000001;
    if(y>=1)
        k1=(double)mu*name[c].co*name[c].vaco[d]/
100000.0*v1;


        k=(int)(k1+s[c][d]);
        s[c][d]=s[c][d]+(double)k1-k;


        i=0;
        double b;
        for(a=0.5;a<k;){
```

```
        for(b=0.5;b<k1;){
    if(i==BUFLEN){printf("\a");
        free(dr); free(dl);
        free(da); free(vx);
        free(vy); free(vz);
        free(va); free(lie);
        free(nx);
AfxMessageBox("OverRun!");
        return;
            }
    if(! *(lie+i)){i++;continue;}
        a++;
        b++;
    if((int)(v+1)>1)
        *(vx+i)=(float)random((int)(v+1));
    else *(vx+i)=0;
    if((int)(v-*(vx+i))>1)
        *(vy+i)=(float)random((int)(v-*(vx+i)+1));
    else *(vy+i)=0;
        *(vz+i)=(float)(v-*(vx+i)-*(vy+i));
    if(*(vz+i)<0)*(vz+i)=0;
        *(vx+i)=-sqrt((double)*(vx+i));
    if(random(2))
        *(vy+i)=sqrt((double)*(vy+i));
    else
        *(vy+i)=-sqrt((double)*(vy+i));
      if(random(2))
```

```
                    * (vz+i) = sqrt((double) * (vz+i));
            else
                * (vz+i) = -sqrt((double) * (vz+i));

                * (va+i) = name[c].va[d];
                * (vx+i) / =b1;
                * (vy+i) / =b1;
                * (vz+i) / =b1;
                * (nx+i) = c;
                * (lie+i) = 0;
                * (dr+i) = r1;
                * (dl+i) = random(le+1)-le/2+dd;
                * (da+i) = random(db+1)-db/2;


            as1 = (double) * (dr+i) * cos((double) * (da+i) *
PI)/pr+dx;


    ds1 = (-(double) * (dl+i)/pr+ * (dr+i) * sin((double) * (da+i)
* PI)/pr * 0.707)+dy;
            COLORREF color = GetPixel((int)as1, (int)ds1);
        if((color&0x00ffffff)! =DEMOCOLOR_STATIC1 &&
            (color&0x00ffffff)! =DEMOCOLOR_STATIC2)
    DrawPixel((int)as1, (int)ds1,
        name[ * (nx+i)].color/ * DEMOCOLOR_CURRENT * /);
                i++;
        }       / * for(a=0.5;a<k;) * /
        }       / * for(c=0;c<xx;c++)for(d=0;d<name[c].yy;
```

```
d++) * /

        DrawEllipse(dx-r,dy+x2-r*0.707,dx+r,dy+x2+r*0.707,
0x00000000);
        for(i=0;i<BUFLEN;i++){
            if(*(lie+i))continue;
            if(kk){
        as1=(double)*(dr+i)*cos((double)*(da+i)*PI)/
pr+dx;
        ds1=(-(double)*(dl+i)+(double)*
    (dr+i)*sin((double)*(da+i)*PI)*0.707)/pr+dy;
                COLORREF color = GetPixel((int)as1,(int)
ds1);
                if ((color&0x00ffffff)! =DEMOCOLOR_STATIC1 &&
                (color&0x00ffffff)! =DEMOCOLOR_STATIC2)
                DrawPixel((int)as1,(int)ds1,DEMOCOLOR_
TRACE);
                }
            else{ 若不连线,则在轨迹上画 DEMOCOLOR_INVAL。
        as1=(double)*(dr+i)*cos((double)*(da+i)*PI)/
pr+dx;

    ds1=(-(double)*(dl+i)+(double)*(dr+i)*sin((double)*
(da+i)*PI)*0.707)/pr+dy;


        COLORREF color = GetPixel((int)as1,(int)ds1);
        if ((color&0x00ffffff)! =DEMOCOLOR_STATIC1 &&
```

```
                        (color&0x00ffffff)! =DEMOCOLOR_STATIC2)
                    DrawPixel((int)as1,(int)ds1,DEMOCOLOR_
INVAL);
                }


        as1=(double) * (dr+i) * cos((double) * (da+i) * PI)+ *
(vx+i);
        ds1=(double) * (dr+i) * sin((double) * (da+i) * PI)+ *
(vz+i);
            * (dl+i)= * (dl+i)+ * (vy+i);
            vv=sqrt((double)(ds1 * ds1+as1 * as1));
            * (dr+i)=(float)vv;
        if((int) * (dr+i)>ll)dw=1;
        else dw=0;
         * (da+i)=(float)asin((double)ds1/vv) * IP;
        if(as1<0){
                if( * (da+i)>0) * (da+i)-=180;
                else * (da+i)+=180;
            }
        if( * (dr+i)>=r1 || * (da+i)>=90 || * (da+i)<=-90 ||
            * (dl+i)>=ll/2 || * (dl+i)<=-ll/2){
            * (lie+i)=1;


    if(dw&&( * (da+i)>=90 || * (da+i)<=-90)&&(dl+i)<=(dh+lh/2)
&& * (dl+i)>=
                (dh-lh/2))&&( * (dr+i) * sin((double) * (da+i) *
PI)<=ll/2)){
```

```
                    n[*(nx+i)][*(va+i)]++;
                    n[*(nx+i)][5]++;nn++;
                              }
                    }
              else{
             if((*(dr+i)<ll)&&(*(dl+i)<=(dh+lh/2)&&*(dl+i)>=
(dh-lh/2))){
                         *(lie+i)=1;
                    n[*(nx+i)][*(va+i)]++;
                    n[*(nx+i)][5]++;nn++;
                      }else{
         as1=(double)*(dr+i)*cos((double)*(da+i)*PI)/pr
+dx;
         ds1=(-(double)*(dl+i)+(double)*(dr+i)*
     sin((double)*(da+i)*PI)*0.707)/pr+dy;
                    COLORREF color = GetPixel((int)as1,(int)
ds1);
              if((color&0x00ffffff)!=DEMOCOLOR_STATIC1 &&
              (color&0x00ffffff)!=DEMOCOLOR_STATIC2)
              DrawPixel((int)as1,(int)ds1,
          name[*(nx+i)].color/*DEMOCOLOR_CURRENT*/);
         DrawPixel((int)as1,(int)ds1,DEMOCOLOR_INVAL);
         q=2.0*3.1415926*8.85*0.000000000001*ll*(float)u/
log(r1/10);
         q1=u/2/(1+lr);
     q2=q-q1-q1;
     ez1=q1*(*(dl+i)+el)/((*(dl+i)+el)*(*(dl+i)+el)+rx)/
```

```
sqrt((*(dl+i)+el)*(*(dl+i)+el)+rx)*(1-*(dr+i)/r1);
    ez1=ez1+(double)*(dr+i)*q1/r1*2*(*(dl+i)+el)/((*
(dl+i)+el)*(*(dl+i)+el)+4*rx)/sqrt((*(dl+i)+el)*(*(dl+
i)+el)+4*rx);
    ep1=q1*(double)*(dr+i)/((*(dl+i)+el)*(*(dl+i)+el)+4
*rx)/sqrt((*(dl+i)+el)*(*(dl+i)+el)+rx*4);
    ez2=q1*(*(dl+i)-el)/((*(dl+i)-el)*(*(dl+i)-el)+rx)/
sqrt((*(dl+i)-el)*(*(dl+i)-el)+rx)*(1-*(dr+i)/r1);
    ez2=ez2+(double)*(dr+i)*q1/r1*2*(*(dl+i)-el)/((*
(dl+i)-el)*(*(dl+i)-el)+4*rx)/sqrt((*(dl+i)-el)*(*(dl+
i)-el)+4*rx);
    ep2=q1*(double)*(dr+i)/((*(dl+i)-el)*(*(dl+i)-el)+4
*rx)/sqrt((*(dl+i)-el)*(*(dl+i)-el)+4*rx);
    ez3=(1-*(dr+i)/r1)*q2/l1*(1/sqrt((el-2**(dl+i))*
(el-2**(dl+i))+rx)-1/sqrt((el+2**(dl+i))*(el+2**(dl+
i))+rx));
    ez3=ez3+*(dr+i)*q2*2/r1/l1*(1/sqrt((el-2**(dl+i))
*(el-2**(dl+i))+4*rx)-1/sqrt((el+2**(dl+i))*(el+2**
(dl+i))+4*rx));
    ep3=*(dr+i)*q2/el/2/rx*((el-2**(dl+i))/sqrt((el-2
**(dl+i))*(el-2**(dl+i))+4*rx));
    ep3=ep3+*(dr+i)*q2/el/2/rx*((el+2**(dl+i))/sqrt
((el+2**(dl+i))*(el+2**(dl+i))+4*rx));
    if((el-2**(dl+i))*(el-2**(dl+i))+*(dr+i)**(dr+i)!
=0&&(el+2**(dl+i))*(el+2**(dl+i))+*(dr+i)**(dr+i)!=
0)
    ez4=q/l1*(1/sqrt((el-2**(dl+i))*(el-2**(dl+i))+*
```

```
(dr+i) * * (dr+i))-1/sqrt((el+2 * * (dl+i)) * (el+2 * * (dl+i))+
* (dr+i) * * (dr+i)));
        else ez4 = 0;
        if( * (dr+i)! = 0) {
        ep4 = q/l1/(double) * (dr+i) * ((el-2 * * (dl+i))/sqrt
((el-2 * * (dl+i)) * (el-2 * * (dl+i))+ * (dr+i) * * (dr+i)));

        ep4 = ep4+q/l1/(double) * (dr+i) * ((el+2 * * (dl+i))/
sqrt((el+2 * * (dl+i)) * (el+2 * * (dl+i))+ * (dr+i) * * (dr+i)));
                }
        else ep4 = 0;


        ez = ez1/3.1623+ez2/3.1623+ez3 * 10000.0-ez4 * 10000.0;
ep = ep1/3.1623+ep2/3.1623-ep3 * 10000.0-ep4 * 10000.0;
        ep = ep * PP; ez = ez * PP;


    * (vx+i)+=(float)ep/(float)name[ * (nx+i)].ato * * (va+i)
* cos((double) * (da+i) * PI);
    * (vy+i)+=(float)ez/(double)name[ * (nx+i)].ato * * (va+
i);
    * (vz+i)+=(float)ep/(float)name[ * (nx+i)].ato * * (va+i)
* sin((double) * (da+i) * PI);
                }      / * else * /
            }      / * else * /


    }      / * for(i = 0; i<BUFLEN; i++) * /
```

设置元素含量的值。

```
{
    m_csPmData.Lock();

    for (int i = 0; i<MAXELEMS; i++)
        for (int j = 0; j<10; j++)
        {
        g_pDemo->m_demoparams.pd.n[i][j] = n[i][j];
        }
        g_pDemo->m_demoparams.pd.nn = nn;
        m_csPmData.Unlock();
    }
}    /* while(1) */


ResetCanDraw();

    free(dr);
    free(dl);
    free(da);
    free(vx);
    free(vy);
    free(vz);
    free(va);
    free(lie);
    free(nx);


#undef PP
#undef BUFLEN
```

```
}
```

C.6　粒子附着模块程序代码

扫一扫看更清楚

```
void CDemoFunc::ParticleDown(int ene, int dea, double danu,
int u, int kin, struct ab * me)
{
m_csParamsChange.Unlock(); lock is set in DoDemoFunc().
#define PP 80
#define BUFLEN 16000

int * autx, * auty, * autz, * autxv, * autyv, * autzv, * autdd;
char * autm, * autlie;
int z,a,o,i,j,b,c = 0,jj,rr,dd;
int ent,q,col,vv,key = 0;
float k,r,ener,s[5],s2;
float aa;
int sum = 0,sum1,s1[5];
double v0,v1;
if((autx = (int * )malloc(BUFLEN * sizeof(int))) = =NULL)return;
if((auty = (int * )malloc(BUFLEN * sizeof(int))) = =NULL)return;
if((autz = (int * )malloc(BUFLEN * sizeof(int))) = =NULL)return;
if((autxv = (int * )malloc(BUFLEN * sizeof(int))) = =NULL)return;
if((autyv = (int * )malloc(BUFLEN * sizeof(int))) = =NULL)return;
```

```
if((autzv=(int *)malloc(BUFLEN * sizeof(int)))= =NULL)return;

if((autm=(char *)malloc(BUFLEN * sizeof(char)))==NULL)return;

if((autlie=(char *)malloc(BUFLEN * sizeof(char)))==NULL)return;

if((autdd=(int *)malloc(BUFLEN * sizeof(int)))= =NULL)return;

s2 =dea;

for(i =0;i<5;i++){s[i]=0;s1[i]=0;}


/ *

PaintBox1->Canvas->Pen->Color = clGray;

PaintBox1->Canvas->Rectangle(450, 8, 499, 341);

bar(450,8,499,341);

PaintBox1->Canvas->Rectangle(450, 100, 499, 250);

bar(450,100,499,250);

PaintBox1->Canvas->Pen->Color = clBlue;

PaintBox1->Canvas->MoveTo(450,100);

PaintBox1->Canvas->LineTo(450,250);

line(450,100,450,250);

PaintBox1->Canvas->Rectangle(450, 8, 499, 341);

bar(450,8,499,341);

PaintBox1->Canvas->Rectangle(450, 100, 499, 250);

bar(450,100,499,250);

PaintBox1->Canvas->MoveTo(450,100);

PaintBox1->Canvas->LineTo(450,250);

line(450,100,450,250);

* /


memset(autx, 0, sizeof(BUFLEN * sizeof(int)));
```

```
memset(auty, 0, sizeof(BUFLEN * sizeof(int)));

memset(autz, 0, sizeof(BUFLEN * sizeof(int)));

memset(autxv, 0, sizeof(BUFLEN * sizeof(int)));

memset(autyv, 0, sizeof(BUFLEN * sizeof(int)));

memset(autzv, 0, sizeof(BUFLEN * sizeof(int)));

memset(autdd, 0, sizeof(BUFLEN * sizeof(int)));

memset(autm, 0, sizeof(BUFLEN * sizeof(char)));


col = 4;
for(i = 0;i<BUFLEN;i++){autlie[i] = 0;}
o = 0;
c = me[0].ato;
for(i = 1;i<kin;i++){
        if (c<me[i].ato)c = me[i].ato;
}


PaintBox1->Canvas->Pen->Color = clYellow;
PaintBox1->Canvas->Rectangle(10,50,30,150);


c = sqrt(dea) * sqrt(c);if(c<1)c = 1;
if(c>100)c = 100;
ent = 0;ener = ene/dea;
b = c+510;
b = ene/300+510;


DrawRect(11,8,30,8+50,DEMOCOLOR_STATIC1,1);画接收粒子的那一
```
条边上半部。

DrawRect(11,341-50,30,341,DEMOCOLOR_STATIC1,1);画接收粒子的那一条边下半部。

DrawRect(11,8+50,30,341-50,DEMOCOLOR_STATIC2,2);画接收粒子的区域。

```
unsigned long archvNum = 0;
unsigned int thick = 30;

SetCanDraw();

while(StopDemoLoop() = = TRUE){
g_pDemo->m_csParamsChange.Lock();
ene = g_pDemo->m_demoparams.panel_params.en;
c = g_pDemo->m_demoparams.panel_params.num_mu;
g_pDemo->m_csParamsChange.Unlock();
c = sqrt(dea) * sqrt(c);
if(c<1)c=1;
if(c>100)c=100;
ener=ene/dea;
b=c+510;
b=ene/300+510;

sum1=-1;

for(i=0;i<=sum;i++){
        if(autlie[i]==0) continue;
```

```
        sum1 = i;
        if
        ((autx[i] <= 1000) ||(auty[i] <= 850) ||(autx[i] >
        23000) ||(auty[i] >= 16700) ||(autz[i] < -2500) ||(autz
[i] > 2500))
            autlie[i] = 0;
    }


j = -1;
for(jj = 0;jj<kin;jj++){if((ener-me[jj].bo)<0)continue;
v0 = 25 * (ener-me[jj].bo)/me[jj].ato;if(v0<1)continue;
if(v0>32000){b=(int)(v0/100);dd=10000;}else
if(v0<0.032){b=(int)(v0 * 1000000);dd=1;}else
if(v0<3.2){b=(int)(v0 * 10000);dd=10;} else
if(v0<320){b=(int)(v0 * 100);dd=100;}else{b=(int)v0;dd=
1000;}


if(b==0)continue;
(float)s[jj] = s[jj]+s2 * me[jj].co/100-s1[jj];
(int)s1[jj] = s[jj];
for(i = 0;i<s1[jj];i++){j++;
if(j>=BUFLEN-1 ||j<0){
free(autx);
free(auty);
free(autz);
free(autxv);
free(autyv);
```

```
free(autzv);

free(autm);

free(autlie);

free(autdd);

getch();

AfxMessageBox("OverRun!");

return;}

if(autlie[j]==1) {i--;continue;}

auty[j]=(random(150)+100)*50;

autx[j]=450*50;

autz[j]=(random(100)-50)*50;

autlie[j]=1;

autm[j]=jj;

autdd[j]=dd;

autxv[j]=random(b+2);

if((b-autxv[j]+1)>0)

autyv[j]=random(b-autxv[j]+1);

else autyv[j]=0;

if( autyv[j]<0)

autyv[j]=0;

autzv[j]=b-autyv[j]-autxv[j];

if(autzv[j]<0) autzv[j]=0;

autxv[j]=-(int)(sqrt((double)autxv[j]));

autyv[j]=(int)(sqrt((double)autyv[j]));

autzv[j]=(int)(sqrt((double)autzv[j]));

if(random(2)==0) autyv[j]=-autyv[j];

if(random(2)==0) autzv[j]=-autzv[j];
```

```
}for(i=0;i<s1[jj];i++)
}for(jj=0;jj<kin;jj++)
if(sum1<j)sum1=j;
sum=sum1;
o=(++o)%2;
PaintBox1->Canvas->Pen->Color = clRed;
PaintBox1->Canvas->Rectangle(11,8,449,341);
DrawRect(11, 8, 449, 341, DEMOCOLOR_STATIC1);
bar(11,8,449,341);
for(i=0;i<=sum;i++){
if(autlie[i]==0) continue;
if(me[autm[i]].ato<128){
if(me[autm[i]].ato<54){
if(me[autm[i]].ato<16)r=0;else r=1;}else r=2;}
else if(me[autm[i]].ato<250)r=3;else r=4;


(int)rr=r+(float)r*autz[i]/2500.0;


qi(*(autx+i)/50,*(auty+i)/50,0,rr,5-*(autm+i));


if(*(autx+i)/50<295)
    PaintBox1->Canvas->Ellipse(*(autx+i)/50-rr,*(auty+
i)/50-rr,*(autx+i)/50+rr,*(auty+i)/50+rr);
        if (kin == 1)
            DrawEllipse(autx[i]/50-rr,auty[i]/50-rr,autx[i]/50+
rr,auty[i]/50+rr,
            /*me[autm[i]].color*/DEMOCOLOR_CURRENT1, 1);
```

```
          else

              DrawEllipse(autx[i]/50-rr,auty[i]/50-rr,autx[i]/50+
rr,auty[i]/50+rr,

              me[autm[i]].color/ * DEMOCOLOR_CURRENT2 * /, 1);

          if( * (autx+i)/50<=(thick+10) && * (autx+i)/50>=
thick && * (auty+i)/50>=50

          && * (auty+i)/50<=150) {

          archvNum++;

          if(archvNum>=100 && thick <=295) {

            archvNum = 0;

            thick+=1;

          }

      }
```

```
DrawRect(10,50,30,150,0x0000ff00);
DrawRect(11,8,30,8+50,DEMOCOLOR_STATIC1,1);画接收粒子的那一条
```
边上半部。
```
DrawRect(11,341-50,30,341,DEMOCOLOR_STATIC1,1);画接收粒子的那
```
一条边下半部。
```
DrawRect(11,8+50,30,341-50,DEMOCOLOR_STATIC2,2);画接收粒子的
```
区域。
```
DrawRect(30,8+50,thick,341-50,DEMOCOLOR_STATIC2,1);画不断变厚
```
的涂层。
```
PaintBox1->Canvas->Pen->Color = clYellow;
PaintBox1->Canvas->Rectangle(10,50,30,150);
PaintBox1->Canvas->Pen->Color = clRed;
PaintBox1->Canvas->Rectangle(30,50,thick,150);
```

```
aa=autx[i]+(float)autdd[i]*autxv[i]*c/1000.0;
if(aa>23000‖aa<1000)autlie[i]=0;else
    {autx[i]=aa;
    aa=auty[i]+(float)autdd[i]*autyv[i]*c/1370.0;
    if(aa>=16700‖aa<850)autlie[i]=0;else
    {auty[i]=aa;
    aa=autz[i]+(float)autdd[i]*autzv[i]*c/1000.0;
    if(aa>2500‖aa<-2500)autlie[i]=0;else
    autz[i]=aa;}}

    }for(i=0;i<=sum;i++)
    Sleep(100);
    }
    ResetCanDraw();

    free(autx);
    free(auty);
    free(autz);
    free(autxv);
    free(autyv);
    free(autzv);
    free(autm);
    free(autlie);
    free(autdd);
    #undef PP
    #undef BUFLEN
    }
```

参 考 文 献

[1] 梁卿卿，郭培．浅谈液态阻尼胶在汽车上的应用［J］．汽车零部件，2014（7）：67~69．

[2] 郑健红，于勇，陈静，等．无沥青汽车热熔型阻尼板的研究［J］．橡塑资源利用，2014（4）：1~7．

[3] 周光亚．汽车车身用阻尼胶板的现状及发展［J］．汽车工艺与材料，1999（5）：23~24．

[4] 尹朝辉，罗顺，闫晓琦，等．水性 PSiUA IPN 阻尼胶的研究-三羟甲基丙烷三丙烯酸酯用量的影响［J］．中国胶黏剂，2018，27（5）：15~18．

[5] 锡洪鹏，周高良，陈思俊，等．浅谈 LASD 材料在汽车制造中的应用［J］．现代涂料与涂装，2016，19（8）：70~72．

[6] 赵常虎，刘辉晖，王镝，等．环保型水性可喷涂减振材料在车身上的应用［J］．汽车工程师，2016（1）：50~52，57．

[7] 何彬，肖其弘，李旋，等．新型水性阻尼材料在汽车涂装中的应用［J］．涂料工业，2014，44（6）：6，61~64．

[8] 苏坤，李永岗，吴祥东，等．新型可喷涂液态阻尼材料的制备及其性能研究［J］．现代涂料与涂装，2018，21（6）：12~14．

[9] 冯俊儒．高分子材料阻尼减振制品的研制及性能研究［D］．天津：天津大学，2014．

[10] 曾天辉．汽车用磁性沥青阻尼胶板的研制［J］．汽车技术，1993（2）：34~37．

[11] 陈秀玲．QGP-M 型涂胶枪［J］．凿岩机械与风动工具，1983（3）：38~40．

[12] 张晓文．几种典型的汽车涂装胶枪嘴［J］．技术与市场，2018，25（6）：183．

[13] 王春香，王桂英，Bunshan R F．硬质膜的研制现况与展望［J］．真空与低温，1991（1）：37，38~45．

[14] Zhao S L，Zhang J，Liu C S．Investigation of TiAlZrCr/（Ti，Al，Zr，Cr）N gradient films deposited by multi-arc ion plating［J］．Vacuum Technology and Surface Engineering．Proceedings of the 9th Vacuum Metallurgy and Surface Engineering Conference，2009：83~88．

[15] Lai F D，Wu J K．Structure，hardness and adhesion properties of CrN films deposited on nitrided and nitrocarburized SKD 61 tool steels［J］．Surf．Coat．Technol．，1997，88（1~3）：183~189．

[16] 赵彦辉，徐丽，于海涛，等．硬质多元氮化物薄膜研究进展［J］．表面技术，2017，46（6）：102~109．

[17] Jin J J，Sun K H，Chongmu L．Hardness and adhesion properties of HfN/Si_3N_4 and NbN/Si_3N_4 multilayer coatings［J］．Mater．Chem．Phys．，2002，77：27~33．

[18] 黄鸿宏，黄洪填，黄剑彬，等．真空镀膜综述［J］．现代涂料与涂装，2011，14（6）：22~24．

[19] 张帅拓．多弧离子镀制备 TiN/TiCrN/TiCrAlN 多层硬质膜的研究［D］．沈阳：沈阳大学，2015．

[20] Zhang J，Li L，Zhang L P，Zhao S L，et al．Composition demixing effect on cathodic arc ion plating［J］．J．Univ．Sci．Technol，2006，13（2）：125~130．

[21] 张仁良. 多弧离子镀的原理应用与展望 [A]. 中国机械工程学会工业炉分会. 第七届全国工业炉学术年会论文集 [C]. 中国机械工程学会工业炉分会：中国机械工程学会，2006：4.

[22] 车德良. 多弧离子镀氮化物薄膜的性能及应用 [D]. 大连：大连理工大学，2006.

[23] 张丽梅. 离子镀的特点及其应用 [J]. 电子工业专用设备，1992（3）：44~48.

[24] 吴红庆，吴晓春. 国内外高速钢的研究现状和进展 [J]. 模具制造，2017，17（12）：93~100.

[25] Flávio J. da Silva, Sinésio D. Franco, Álisson R. Machado, et al. Performance of cryogenically treated HSS tools [J]. Wear, 2006, 261 (5)：674~685.

[26] 贾佐诚，陈飞雄，吴诚. 硬质合金新进展 [J]. 粉末冶金工业，2010，20（3）：52~57.

[27] Cha S I, Hong S H, Kim B K. Spark plasma sintering behavior of nanocrystalline WC-10%Co cemented carbide powders [J]. Materials Science and Engineering A, 2003, 351 (1/2)：31~38.

[28] 巢昃轩，蒋克全，王宝龙，等. W18Cr4V 高速钢热处理工艺和性能研究 [J]. 热处理技术与装备，2018，39（5）：46~50.

[29] 雷富军，马香兰，李戬，等. W18Cr4V 高速钢组织与性能特点分析 [J]. 青海科技，2006（4）：53~55.

[30] 赵步青，胡明，胡会峰. 高速钢制高精度圆刀片热处理工艺 [J]. 金属加工（热加工），2019（4）：48~49.

[31] 赵步青，张丹宁，刘春菱. 硬质合金的热处理 [J]. 金属加工（热加工），2018（2）：30~33.

[32] 孙青竹，陈洪生，冯可芹，等. 低温低压烧结 WC-8%Co 硬质合金 [J]. 四川大学学报（工程科学版），2013，45（3）：140~145.

[33] 张佳，谭立群，谢晨辉，等. WC-25%Co 硬质合金淬火热处理孔隙的微观特征及其形成机理 [J]. 硬质合金，2018，35（3）：171~179.

[34] 顾金宝，时凯华，王可，等. 热处理工艺对 WC-10%Co 粗晶硬质合金性能及微观结构的影响 [J]. 硬质合金，2019，36（2）：150~157.

[35] 高俊丽，王学飞，袁开波. 超薄齿形零件的慢走丝加工工艺技巧 [J]. 模具制造，2013，13（9）：68~70.

[36] 郭烈恩，刘正埙，邢晓峰，等. 快走丝机慢走丝切割加工工件表面质量分析 [J]. 模具工业，1999（4）：49~51.

[37] 张凤林. 汽车零部件硬度的现场检测与在线检测 [J]. 理化检验（物理分册），2018，54（10）：705~711，725.

[38] 张娟，李鹏，许飞，等. 常用硬度检测方法及其在钛合金中的应用 [J]. 西安文理学院学报（自然科学版），2016，19（6）：17~21.

[39] Chen B, Pan B. Through-thickness strain field measurement using the mirror-assisted multi-view digital image correlation [J]. Mechanics of Materials, 2019 (137)：103~109.

[40] Gelir A, Kocaman M, Pekacar I. Image processing for quantitative measurement of e/m in the

undergraduate laboratory [J]. Physics Education, 2019, 54 (5): 1361~1368.

[41] Xing H D, Gao Z X, Wang H T, et al. Digital rotation moiré method for strain measurement based on high-resolution transmission electron microscope lattice image [J]. Optics and Lasers in Engineering, 2019, 122 (11): 347~353.

[42] 陈扬枝，万玉林，吕月玲. 多弧离子镀的工艺参数对 TiAlN 膜层性能的影响 [J]. 热加工工艺，2019 (12)：103~107.

[43] 周陶，袁军堂，汪振华，等. 工艺参数对多弧离子镀 TiAlN 涂层铝含量和硬度的影响 [J]. 机械制造与自动化，2017，46 (5)：15~19.

[44] 冯光光，刘崇林，卢龙. 基体负偏压对膜层形貌与性能的影响 [J]. 热加工工艺，2013，42 (14)：103~105.

[45] 周细应，付志强，万润根，等. 电磁场氮分压等对多弧离子镀 TiN 的影响 [J]. 材料工程，1993 (12)：35~37.

[46] 李晓青. 氮分压对多弧离子镀 TiN 涂层相结构及性能影响的研究 [J]. 真空，1990 (3)：1~5.

[47] 陈浩，万强，刘念，等. 氮气气压对多弧离子镀 TiSiN 涂层显微结构与腐蚀行为的影响 [J]. 材料保护，2018，51 (4)：29~34，38.

[48] 陈昌浩，金永中，陈建，等. 弧电流对多弧离子镀 TiN 涂层形貌及力学性能的影响 [J]. 热加工工艺，2016，45 (14)：117~119，123.

[49] 曾小安，黄鹤，张文，等. 弧电流对多弧离子镀纯 Cr 涂层组织性能的影响 [J]. 稀有金属与硬质合金，2017，45 (5)：53~56，62.

[50] 孙伟，宫秀敏，叶卫平，等. 多弧离子镀沉积温度对 TiN 涂层性能的影响 [J]. 电加工与模具，2000 (5)：26~28.

[51] 王蕾，陈楠. 多弧离子镀对涂层厚度的影响 [J]. 石化技术，2017，24 (6)：71~72.

[52] 高鹏，姚英学，袁哲俊. 表面涂层薄膜硬度检测技术 [J]. 高技术通讯，1996 (12)：31~33.

[53] 丁旺，付莉莉，王春花. 表面硬质涂层硬度检测方法研究 [J]. 现代车用动力，2019 (2)：1~4.

[54] 赵时璐. 多弧离子镀 Ti-Al-Zr-Cr-N 系复合硬质膜的制备、微结构与性能 [D]. 沈阳：东北大学，2010.

[55] Feng J Y, Wan Z P, Wang W, et al. Crack behaviors of optical glass BK7 during scratch tests under different tool apex angles [J]. Wear, 2019, 430~431.

[56] 江范清. 划痕法评价氮化钛薄膜结合力研究 [D]. 成都：西南交通大学，2012.

[57] 张新宇，陈建钧，刘帅，等. 基于划痕法的高强钢多层氧化皮结合力测试研究 [J]. 材料保护，2018，51 (4)：125~129.

[58] 李明升，王福会，王铁钢，等. 电弧离子镀 (Ti, Al) N 复合薄膜的结构和性能研究 [J]. 金属学报，2003，39 (1)：55~60.

[59] 谢致薇，白晓军，荣继龙，等. (TiFeCr) N 多元膜的氧化行为 [J]. 中国有色金属学报，2001，11 (6)：1064~1068.

[60] Shailesh K, Sanjay N, Akhil T, et al. Effect of disorder on superconductivity of NbN thin films studied using X-ray absorption spectroscopy [J]. Journal of Physics: Condensed Matter, 2021, 648 (5): 1361~1367.

[61] Kenji T, Katsuaki Y, Sakshi R. Photoexpansion of biobased polyesters: mechanism analysis by time-resolved measurements of an amorphous polycinnamate hard film [J]. ACS Applied Materials & Interfaces, 2021, 13 (12): 14569~14576.

[62] 刘聪, 张钧, 张热寒, 等. (Ti, Al, Cr)N 膜系的研究进展 [J]. 材料保护, 2021, 54 (3): 131~136.

[63] 冈村吉晃, 彭惠民. 利用硬质涂覆膜抑制车轴轴承的微动磨损 [J]. 国外机车车辆工艺, 2021, (1): 31~38.

[64] 吴嘉楠, 张柯, 刘平, 等. 纯铜梯度纳米化表面硬质膜的微观结构演化与力学性能研究 [J]. 有色金属材料与工程, 2020, 41 (6): 16~23.

[65] 徐晨宁, 张钧, 代佳艺, 等. 三组元氮化物硬质膜的硬度研究进展 [J]. 材料保护, 2020, 53 (6): 121~126, 138.

[66] Chen K T, Hu C C Hsu C. Y. Optimizing the multiattribute characteristics of CrWN hard film tool in turning AISI 304 stainless steel [J]. Journal of Materials Engineering and Performance, 2020 (20): 1~8.

[67] 杨晨, 张钧, 孙宇菲, 等. ZrN 系硬质膜的研究进程与展望 [J]. 材料保护, 2019, 52 (10): 134~139.

[68] 宋亮, 马明庆, 张罡, 等. 磁控溅射 CrAlSiN 硬质膜层的高温抗氧化性能 [J]. 沈阳理工大学学报. 2019, 38 (3): 34~39.

[69] Verma D, Banerjee D, Mishra S K. Effect of silicon content on the microstructure and mechanical properties of Ti-Si-B-C nanocomposite hard coatings [J]. Metallurgical and Materials Transactions A, 2019, 50 (2): 583~589.

[70] 李长鸣, 张钧, 阎鑫, 等. 金属组元配比对 (ZrTiAl)N 膜相组成和硬度的影响 [J]. 真空科学与技术学报. 2018, 38 (10): 887~893.

[71] Okamura Y, Suzuki D, Takahashi K, et al. 鉄道車両用車軸軸受のフレッチング摩耗の硬質被膜による抑制効果 [J]. Journal of the Iron and Steel Institite of Japan. 2018, 104 (6): 303~311.

[72] 金烨堂, 王进, 马大衍, 等. 硬质合金刀条 AlCrN 硬质膜性能的研究 [J]. 精密成形工程. 2018, 10 (4): 139~144.

[73] 张一飞, 文庆珍, 朱金华, 等. 高分子阻尼材料的研究进展 [J]. 材料开发与应用, 2011, 26 (4): 85.

[74] 贾志华, 马光, 郑晶, 等. 钴-铬-钨合金焊丝的制备及性能 [J]. 机械工程材料, 2007 (11): 24~25, 29.

[75] 李顺治, 齐鹏, 王凯. 机械手臂结构设计与其性能分析 [J]. 科技资讯, 2018, 16 (31): 101~102, 104.

[76] Feng L, Zhang X H. Current problems in China's manufacturing and countermeasures for indus-

try 4.0 [J]. EURASIP Journal on Wireless Communications and Networking, 2018 (1): 1~6.

[77] 张翠青, 韦丽珍. 汽车噪声源研究现状分析 [J]. 内燃机与配件, 2018 (4): 30~31.

[78] Proust M, Judong F, Gilet J M, et al. CVD and PVD copper integration for dual damascene metallization in a 0.18μm process [J]. Microelectronic Engineering, 2005, 55: 269~275.

[79] 张钧, 赵彦辉. 多弧离子镀技术与应用 [M]. 北京: 冶金工业出版社, 2007: 17~19.

[80] Luo Q, Rainforth W M, Münz W-D. Wear mechanisms of monolithic and multi-component nitride coatings grown by combined arc etching and unbalanced magnetron sputtering [J]. Surf. Coat. Technol., 2001, 146~147: 430~435.

[81] Yang S, Li X, Teer D G. Properties and performance of CrTiAlN multilayer hard coatings deposited using magnetron sputter ion plating [J]. Surf. Coat. Technol., 2002, 18: 391~396.

[82] 赵时璐, 李友, 张钧, 等. 刀具氮化物涂层的研究进展 [J]. 金属热处理, 2008, 33 (9): 99~104.

[83] 徐滨士, 刘世参. 表面工程 [M]. 北京: 机械工业出版社, 2000: 212~217.

[84] 赵文轸. 金属材料表面新技术 [M]. 西安: 西安交通大学出版社, 1992: 221~224.

[85] Yamamoto K, Sato T, Takahara K, et al. Properties of (Ti, Cr, Al)N coatings with high Al content deposited by new plasma enhanced arc-cathode [J]. Surf. Coat. Technol., 2003, 174~175: 620~626.

[86] Ichijo K, Hasegawa H, Suzuki T, et al. Microstructures of (Ti, Cr, Al, Si)N films synthesized by cathodic arc method [J]. Surf. Coat. Technol., 2007, 201 (9~11): 5477~5480.

[87] 田民波, 刘德令. 薄膜科学与技术手册 [M]. 北京: 机械工业出版社, 1991: 486~488.

[88] 徐滨士, 刘世参. 表面工程 [M]. 北京: 机械工业出版社, 2000: 212~217.

[89] 赵文轸. 金属材料表面新技术 [M]. 西安: 西安交通大学出版社, 1992: 221~224.

[90] 胡传忻, 白韶军, 安跃生, 等. 表面处理手册 [M]. 北京: 北京工业大学出版社, 2004, 3 (9): 73~74.

[91] Lembke M I, Lewis D B, Münz W-D. Localised oxidation defects in TiAlN/CrN superlattice structured hard coatings grown by cathodic arc/unbalanced magnetron deposition on various substrate materials [J]. Surf. Coat. Technol., 2000, 125: 263~268.

[92] Li Z Y, Zhu W B, Zhang Y, et al. Effects of superimposed pulse bias on TiN coating in cathodic arc deposition [J]. Surf. Coat. Technol., 2000, 131 (1~3): 158~161.

[93] Boxman R L, Zhitomirsky V N, Grimberg I, et al. Structure and hardness of vacuum arc deposited multi-component nitride coatings of Ti, Zr and Nb [J]. Surf. Coat. Technol., 2000, 125 (1~3): 257~262.

[94] Lafferty J. 真空电弧理论和应用 [M]. 北京: 机械工业出版社, 1985: 134~135.

[95] 赵时璐, 张钧, 刘常升. 硬质合金表面多弧离子镀 (Ti, Al, Zr, Cr)N 多元氮化物膜 [J]. 金属热处理, 2009, 33 (9): 99~104.

[96] 白力静, 肖继明, 蒋百灵, 等. 磁控溅射 CrTiAlN 涂层钻头的制备及其钻削性能研究 [J]. 表面技术, 2005, 34 (4): 21~29.

［97］ 顾培夫. 薄膜技术［M］. 杭州：浙江大学出版社，1990：145~146.

［98］ Hasegawa H，Yamamoto T，Suzuki T，et al. The effects of deposition temperature and post-an-nealing on the crystal structure and mechanical property of TiCrAlN films with high Al contents ［J］. Surf. Coat. Technol.，2006，200（9）：2864~2869.

［99］ 姚寿山，李戈扬，胡文杉. 表面科学与技术［M］. 北京：机械工业出版社，2005：251~261.

［100］ 郭雅莉，张慧. 浅谈阻尼胶板的涂装工艺实现［J］. 上海涂料，2021，59（1）：44~47.

［101］ 周金文. 浅谈汽车降噪隔音新材料的应用和实践［J］. 现代涂料与涂装，2020，23（11）：66~69.

［102］ 吴子刚，李海菊，高之香，等. NVH功能胶片在汽车上的应用［J］. 汽车工艺与材料，2019（2）：47~50，54.

［103］ 吴子刚，高之香，李建武，等. 低气味、低VOC汽车用消音阻尼胶片的研究［J］. 黏接，2019，40（4）：11~14.

［104］ 齐海东，张俊华. 预成型胶黏剂在汽车车身中的应用［J］. 汽车工艺与材料，2015，（12）：48~53.

［105］ 田巧，刘威胜. 水性汽车阻尼板用压敏胶的研制［J］. 广州化工，2013，41（14）：98~100.